生命科学与健康产业新模态研究

蓝皮书

（2021—2022）

王小宁　刘中民　主　编
于建荣　　总执笔

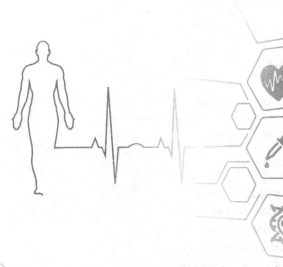

中国科学技术出版社
·北　京·

图书在版编目（CIP）数据

生命科学与健康产业新模态研究蓝皮书 . 2021—2022/
王小宁，刘中民主编 . —北京：中国科学技术出版社，
2022.7

ISBN 978-7-5046-9210-8

Ⅰ.①生… Ⅱ.①王… ②刘… Ⅲ.①生命科学—科
学进展—研究报告—中国— 2021—2022 Ⅳ.① Q1-0

中国版本图书馆 CIP 数据核字（2021）第 193803 号

策划编辑	符晓静　王晓平	
责任编辑	符晓静　王晓平	
封面设计	沈　琳	
正文设计	中文天地	
责任校对	张晓莉	
责任印制	徐　飞	

出　　版	中国科学技术出版社	
发　　行	中国科学技术出版社有限公司发行部	
地　　址	北京市海淀区中关村南大街 16 号	
邮　　编	100081	
发行电话	010-62173865	
传　　真	010-62173081	
网　　址	http://www.cspbooks.com.cn	

开　　本	710mm×1000mm　1/16	
字　　数	90 千字	
印　　张	12	
版　　次	2022 年 7 月第 1 版	
印　　次	2022 年 7 月第 1 次印刷	
印　　刷	河北鑫兆源印刷有限公司	
书　　号	ISBN 978-7-5046-9210-8/ Q·231	
定　　价	98.00 元	

（凡购买本社图书，如有缺页、倒页、脱页者，本社发行部负责调换）

编　委　会

主　编　王小宁　刘中民

总执笔　于建荣

副主编　何昆仑　秦　川　朱　力　陈　曦　何蕴韶
毛振宾　陈　方　李志坚　王　歈　刘彦君
杨　忠　张占斌　瞿　佳

编委会成员（按姓氏拼音排序）

曹诗琴　陈海旭　陈　巧　范秀荣　郭　晶
郭天欢　郭展意　贺彩红　胡亚卓　贾文文
景震强　雷晓华　黎春盈　李海霞　李　静
李　娜　李　荣　李　舒　栗　瑞　刘冬平
刘加兰　刘为廷　毛开云　裴　培　钱　虹
曲　静　任　燕　施乐明　石伟雄　汤红明
王少华　王　跃　王卫东　吴静之　吴小兵
夏　龙　严　婷　杨　寅　曾光明　张东驰
张丽雯　赵玉秀　张文娟　朱柯锦

参编单位

中国科协生命科学学会联合体

中国人民解放军总医院

中国科学院上海生命科学信息中心，中国科

学院上海营养与健康研究所

同济大学附属东方医院

中国医学科学院医学实验动物研究所

南京金斯瑞生物科技有限公司

广州达安基因股份有限公司

国家药品监督管理局

中国科学院成都文献情报中心

亚太经济研究院

北京永泰生物制品有限公司

高瓴资本管理有限公司

上海宝济药业有限公司

复旦大学

中央党校（国家行政学院）马克思主义学院

温州医科大学

中国生物技术集团公司

中关村药谷生物产业研究院

大兴国际机场临空经济区管委会

同济大学国家创新发展研究院

材料科学姑苏实验室

中国科学院上海巴斯德研究所

中国科学院分子细胞科学卓越创新中心

中国心血管健康联盟

中国科学院昆明动物研究所

中国科学院深圳先进技术研究院

北京紫微宇通科技有限公司

中关村玖泰药物临床试验技术创新联盟

广东省工程师学会

前　言

当今世界正面临百年未有之大变局，科技创新范式发生了新的变化，生物技术与信息技术、材料技术、能源技术加速融合，人工智能和合成生物学等颠覆性技术不断突破，推动产业快速发展，不断产生新业态和新模式，生物产业正加速成为继信息产业后的新型产业形态，并将对人类生产和生活产生深远影响。

近20年来，面对生物经济新浪潮，我国加大科技创新投入，推动生命科学和健康产业快速发展。通过《国家中长期科学和技术发展规划纲要（2006—2020年）》的实施，我国已形成了国际上研发投入最多、从业人群最大、产业链最为完整的生命科学研究和产业化体系。期间，我国生命科学领域新增了150多名两院院士，专利年申请数量多年保持世界第一，科学引文索引（Science Citation Index，SCI）论文发表数量近几年攀升至世界第一。

然而，这些数据却与我国"糟糕"的全民健康现实形成了鲜明的对比：在过去的15年中，我国慢性病的发病率几乎没有一个呈现下降的拐点。国家卫生健康委员会发布的《中国居民营养与慢性病状况报告（2020年）》显示，我国居民超重和肥胖群体已超过50%，人群总数高居世界第一；慢性病对死亡的贡献率也已飙升至88.9%；快速而至的"超老龄"和"少子化"社会进一步"恶化"了我国的人口结构和素质，"看病难、看病贵"依旧是民众和许多家庭不堪重负的困境。

在技术、市场和需求的耦合驱动下，我国健康科技支撑体系和生命健康产业也有了长足的发展，并处于深入的结构调整期，迎来了战略机遇期和跨越式发展的新阶段。目前，我国拥有世界上最为完整的中西药和生物技术药研发和产业化体系，其优势在本次新冠疫苗的研发和产业化过程中凸显得淋漓尽致；我国的药物研发和生产也已实现从简单仿制到自主创新的跨越，越来越多的生物技术药进入国际市场；我国在免疫细胞治疗和干细胞再生医学领域的技术储备已具备国际竞争力；智能型医疗器械、可穿戴即时监测设备、远程医疗、数字医疗等新技术的加速普及应用，促进了我国生物医药产业与信息技术产业的融合发展。

然而，在快速发展的同时，我国也面临着巨大的挑战。迄今，我国是生物信息和文献数据的最大输出国和进口国，但在信息检索和分析上却缺乏自主性；我国在生命科学及生物医药领域所需的高端耗材、试剂、仪器设备的进口依赖度超过95%，已构成研发的最大成本。而且，在西方国家对我国科技发展围堵态势日益强化的环境下，禁运、断供和"卡脖子"的风险陡然升高，已成为阻遏我国生命科学研究和产业转化的最大风险之一。

可以说，要实现中华民族的伟大复兴，最为迫切和艰巨的任务就是真正做到"把促进全民健康放到优先发展的位置"，把发展生命科学和促进健康列为国家发展的重中之重，通过新理念、新技术，坚决变革民众的生活方式，遏制慢性病攀升趋势，彻底改变现有疾病谱，全面提高民众的健康素质，并以此推动全民健康及健康产业的发展，加速产业内循环，提高国民的幸福指数。

突如其来、肆虐全球的新冠肺炎疫情使生命科学研究及健康产业的重要性更加凸显。同时，它也让人们强烈地意识到，用于病毒检测、消杀、预防和治疗的技术固然极为重要，但制度、文化和民众的健康觉醒意识或许更为重要。从而，疫后生命科学研究以及产业链重塑业已成为政府、学界和产业界不得不面对和思考的重大命题。面向疫后国家发展的新需求和新挑战，2020 年 7 月，中国科学技术协会（以下简称"中国科协"）委托中国科协生命科学学会联合体承担了"生命科学领域产业新模态研究"课题。在新的国际秩序背景下，本课题从新一轮国际科技和产业竞争的高度和长远发展的角度研判我国生命科学领域产学研一体化发展新战略，重点梳理我国生命科学研究及产业转化中面临的问题与挑战，找出制约其发展的关键问题，分析成因，探讨新的发展思路和策略。

本课题是一个开放体系，除了申报课题时参与的学术、产业机构，在课题进行过程中还吸引了一批资本和更多的产业机构的参与。期间，本课题组还深入国内知名产业园区进行考察调研和座谈交流，收集一线管理和从业人员的实际想法和建议。

通过一年多的调研，本课题组逐步梳理出了生命科学研究和产业高度依赖的技术白清单，找出了制约我国生命科学发展以及导致研究与转化脱节的制度、文化和体系的症结。本课题的阶段性成果经新闻发布后，在国内外引起了强烈反响，促使课题组再次重视研究的结论和观点，进一步提出"加强中国科学家引领的国际大科学规划（或计划）是增加生命科学原创成果及实现共享的最佳路径""纠正学术不端，要从娃娃抓起"等建议，为"十四五"规划提供了新的理念和理论依据。在领域内的呼吁下，课题组成立了新的编委会，面向"十四五"规划，进一步梳理了课题的研究成果，形成本报告，以期为各部委、大学、科研机构、企业和战略咨询机构提供参考，并在此基础上进一步梳理反馈意见，形成新的报告。中国科学技术出版社审核该报告后，认为此书的公开发行将普惠于更多的机构，并有助于加深社会各界对我国生命科学研究和产业转化的趋势和症结的理解，有助于共同推动我国生命科学研究及产业转化的发展。本书得以出版发行，中国科学技术出版社功不可没！

本书的主要参与者和机构已在编委会中列出，可能还有很多参与本课题并做出重要贡献的机构和个人未能一一列出，在此深表谢意和歉意。

书中难免有疏漏之处，敬请读者指正！

中国科协生命科学学会联合体秘书长
中国人民解放军总医院老年医学研究所所长

上海同济大学附属东方医院院长

目 录

第一章 生命科学与健康产业已成为实现
中华民族伟大复兴的重要基石…………01

一、生命科学与生物技术进入高质量
发展期，为人民生命健康提供保障…………03

二、生命健康产业进入发展快车道，
产业结构优化升级…………39

第二章 生命科学与健康产业发展挑战、
需求与机遇并存…………53

一、我国人口结构和疾病谱发生深刻变化，
社会负担依旧沉重…………54

二、卫生健康事业亟须实现由"疾病救治"
向"健康促进"的转变…………59

三、全面实现健康中国建设目标，任重
　　道远 ··65

四、全球治理体系发生深刻变革，中美博弈
　　进入新阶段 ··76

第三章　我国生命科学与健康产业
　　　　面临的挑战 ··79

一、支撑研究与产业的基础，对外依赖
　　度高 ··81

二、存在政策自限现象 ································114

三、创新人才环境及人才结构尚需调整 ·····125

四、创新与产业转化需要制度法规的调节 ··129

第四章　发展对策与建议 ································141

一、重塑教育体系，建立积极的社会
　　价值导向和多元化的人才培养体系 ·····142

二、重塑管理体制，确实破除"政策自限"
　　的藩篱 ··147

三、重视创新研究，打造可持续发展的
　　国家创新平台 ································ 149

四、突破"卡脖子"技术，建立国家
　　多学科融合的研究转化基地 ············· 153

五、加强合作共享，防止"卡脖子"泛化·· 158

六、多方协同共治，建立具有"中国特色"
　　的伦理治理体系 ·························· 166

后　记 ··· 171

第一章
生命科学与健康产业已成为
实现中华民族伟大复兴的
重要基石

　　2017 年，伦敦商学院学者琳达·格拉顿（Lynda Gratton）和安德鲁·斯科特（Andrew Scott）在他们的著作《百岁人生：长寿时代下的生活和工作》中指出："随着人类文明的进步，自 1880 年以来，全球绝大多数国家的人均期望寿命每 10 年平均增加 2 岁。"按照当前生命科学和健康产业加速发展的趋势，不久人类将进入"百岁时代"。以色列历史学家尤瓦尔·诺亚·赫拉利（Yuval Noah Harari）在其系列著作《未来简史》中也大胆预测，未来人类将越过人文主义，进入基于生命科学和数字科学发展起来的机器人主导的社会，人将由智人上升为智神[①]。

这些令人震惊却又发蒙启蔽的预测都基于一个不争的事实——生命科学研究和转化以及由此带动的健康产业，已经进入了可以变革人类社会、改变社会经济发展模式的实用阶段，人类已实实在在地进入了生物经济时代[②]。生物经济正加速成为继信息经济后新的经济形态，将对人类生产生活产生深远影响。政府、行业和民众都将不可避免地卷入这一浪潮，我们必须清晰地认识到这一点，并为这一时代的到来做好充分准备。

---

① 尤瓦尔·诺亚·赫拉利. 未来简史［M］. 北京：中信出版社，2017.

② 潘爱华. 生物经济理论与实践［M］. 北京：科学出版社，2020.

一、生命科学与生物技术进入高质量发展期，为人民生命健康提供保障

（一）全球重视生命科学领域布局，助力技术研发

1. 生命科学领域已成为各国战略布局的重中之重

新一轮科技产业的变革正在加速，生命科学在引领未来经济社会可持续发展中的战略地位日益凸显。主要发达国家和新兴经济体纷纷将生命科学领域作为重点优先领域进行布局。作为获取未来科技经济竞争优势的一个重要领域，生命科学在促进经济可持续发展的同时，要进一步巩固自身的实力和竞逐领先地位。

生命科学与生物技术创新是生物经济发展的重要基础。美国政府在《国家生物经济蓝图》中，明确将"支持研究，以奠定21世纪生物经济基础"作为科技预算的优先重点；美国政府每年将60%的科研经费用

于生命科学研究，有超过50%的院士从事生命科学研究，旨在通过大力支持基础生物学的研究，带动医学、药学、农学和生态学等生命科学应用学科的发展，发挥其调控与干预职能①。欧盟在《持续增长的创新：欧洲生物经济》和《工业生物技术路线图》中，将生物技术、生物经济作为实施欧洲2020战略、实现智慧和绿色发展的关键要素②。英国于2018年发布《英国生物科学前瞻》，提出针对发展生命科学应对粮食安全、能源清洁增长和健康老龄化挑战的路线图；并在其中强调，必须加强对生命规律的探索并推动相关技术变革，以促进生命科学创新。日本政府将"绿色技术创新和生命科学的创新"作为国家的重点战略，在《生物战略2019》中提出"到2030年建成世界最先进的生物经济社会"的发展愿景。韩国于2019年发布《生物健康产业创新战略》，旨在通过产业政策的根本性创新和率

---

① 张辰宇，冯雪莲. 系统完整地发展符合"四个面向"的生命科学基础与应用研究［J］. 学习与研究，2021（5）：5.

② 国家发展改革委员会. "十三五"生物产业发展规划［EB/OL］.（2016—12—20）［2021—07—13］. http://www.gov.cn/xinwen/2017—01/12/content_5159179.htm.

先投资，推动韩国生物健康产业迅速发展并处于全球领先地位。可以看出，主要发达经济体将生命科学、生物产业列为本国科学研究优先发展、重点支持的方向，加速抢占生物技术竞争的战略制高点，加快推动生物技术产业革命性发展的步伐。

我国很早就将生物产业作为战略性新兴产业的主攻方向之一，在《国家创新驱动发展战略纲要》和《"十三五"国家科技创新规划》等系列规划中强调发展生命科学与健康产业的战略重要性，着力提高生物技术原创水平，做到关键核心技术自主可控，在若干领域取得集成性突破。这加快了我国生命科学与生物技术创新发展的步伐。"十三五"期间，我国先后颁布实施了《"十三五"国家性战略新兴产业发展规划》《"十三五"生物产业发展规划》《"十三五"生物技术创新专项规划》等生命科学与健康产业研究转化的专项规划，并于 2016 年制定了《"健康中国 2030"规划纲要》，将健康中国提升至国家战略地位，加以重点扶植和推动。党的十九大报告更是将实施健康中国战略纳入国家发展的基本方略，为我国提升国家科技核心竞争力、促进经济高质量发展提供了重要的法理依据。

"十四五"时期，我国科技事业发展进入新的重要战略机遇期。《中华人民共和国国民经济和社会发展第十四个五年规划（2021—2025年）和2035年远景目标纲要》明确将"基因与生物技术""脑科学与类脑研究""临床医学与健康"纳入七大科技前沿攻关领域；将"生物技术"产业纳入九大战略性新兴产业、重点发展的未来产业。

2. 我国在生命科学领域投入比重不断提高

为了缩小与发达国家在高水平前沿技术方面的差距，我国正在逐步加大生命科学领域的科研投入。据弗若斯特沙利文公司（Frost & Sullivan）数据显示，2019年，美国、德国及日本在医疗健康领域的费用支出分别占国内生产总值（Gross Domestic Product，GDP）的17.1%、14.2%及11.7%，而我国在医疗健康领域的费用支出仅占GDP的6.6%。尽管与美国等国家相比，我国在生命科学研究领域的投入总额仍然偏小，但我国基础科学领域特别是生命科学领域的经费在科研的经费所占的比重逐步提高,这推动了生命科学基础研发迅速发展。

在国家自然科学基金支持项目中,生命科学部和医学科学部总立项数目及资助金额已占到全部学部的 1/3 左右。2010—2019 年,生命科学部资助呈上升趋势,仅低于医学科学部、工程与材料科学部。2010 年,生命科学部资助金额为 12.62 亿元(包括面上项目、重点项目、重大项目、重大研究计划、青年科学基金项目及杰出青年科学基金项目,下同);2015 年为 25.31 亿元;2019 年为 33.48 亿元,是 2015 年的 1.32 倍,2010 年的 2.65 倍。除资助项目增加外,单项平均资助金额也逐步增加(图 1–1)。

2016—2018 年,科技部资助生命科学领域国家重点研发计划专项 13 项,包括数字诊疗装备、干细胞及转化研究、蛋白质机器与生命过程调控、精准医学研究、生物安全关键技术研发、生物医用材料研发与组织器官修复替代、生殖健康及重大出生缺陷防控研究、

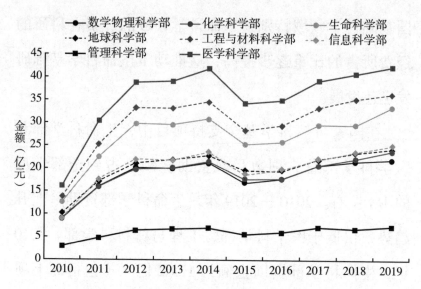

图1-1 2010—2019年，国家自然科学基金项目中，各个学部的资助情况

注：本图选取国家自然科学基金项目的面上项目、重点项目、重大项目、重大研究计划、青年科学基金项目及优秀青年科学基金项目。

重大慢性非传染性疾病防控研究、合成生物学、中医药现代化研究、主动健康和老龄化科技应对、七大农作物育种、发育编程及代谢调节。截至2018年年底，国家已批准立项的国家重点研发计划项目959项，经费超150亿元。

（二）技术革新与融合进程加快，在健康保障中发挥重要作用

1. 生命科学和医学技术的发展将极大地改变民众生老病死的现状

（1）精准医学大幅度地提高了临床诊疗的效率

21世纪初，"人类基因组计划"顺利实施，生命科学发生了革命性的飞跃。以此为基础发展的各种组学技术、生物信息技术、基因标记技术、细胞体内外示踪技术等，极大地促进了人类对生命和疾病本质与过程的理解。基因组学、转录组学、蛋白质组学、代谢组学、表型组学等多层次的组学联合分析，使人们对疾病致病机制的认识更加全面、更加系统，为精准预防、精准诊断和精准治疗提供了新的思路和方向，大幅提高了疾病的诊疗效率。

我国在各组学技术领域的研究位列国际前沿，涌现出如华大基因、北京贝瑞和康生物技术有限公司、博奥生物集团有限公司（以下简称"博奥生物"）、广州达安基因股份有限公司（以下简称"达安基因"）等

一大批具有国际竞争力的学术产业机构，基因检测和解析技术能力全球领先。在蛋白质组学、代谢组学以及新出现的单细胞测序和分析技术领域都有很强的竞争优势，取得了一大批具有国际影响和处于国际领先地位的成果。例如，军事医学科学院绘制了早期肝细胞癌的蛋白质组表达谱和磷酸化蛋白质组图谱，发现了肝细胞癌精准治疗的潜在新靶点，为肝癌的精准分型与个体化治疗、疗效监测和预后判断提供了新的思路[①]。又如，2021年，复旦大学金力团队对来自中国华中（郑州）、华东（泰州）、华南（南宁）3个代表性汉族群体的5000名个体进行了基因组全外显子测序，构建了"华表"外显子组数据库，包含207万个遗传变异。其中，46.4%的遗传变异为首次发现[②]。

随着精准医疗模式的深入发展，越来越多的靶点

---

① Jiang Y, Sun A, Zhao Y, et al. Proteomics identifies new therapeutic targets of early-stage hepatocellular carcinoma [J]. Nature, 2019, 567（7747）: 257-261.

② Hao M, Pu W, Li Y, et al. The HuaBiao project: whole-exome sequencing of 5000 Han Chinese individuals [J]. Journal of Genetics and Genomics, 2021, 48（11）: 1032-1035.

药物、大分子药物、基因药物和细胞药物可以发挥更为精准的治疗优势，大幅度提高了临床疗效，使越来越多"不治之症"的治疗得以突破，甚至被治愈。肿瘤免疫治疗极大地拓展了肿瘤治疗的空间。以程序性死亡因子（Programmed Death 1，PD-1）抗体为代表的免疫治疗药物重塑了数十种癌症的治疗标准，造福数以百万计患者的同时，也造就了一个数百亿美元的市场。截至 2021 年 2 月，在肿瘤治疗领域嵌合抗原受体 T 细胞免疫疗法（Chimeric Antigen Receptor T-cell Immunotherapy，CAR-T）疗法临床试验全球注册中，我国有 465 项（占比近 50%），位居全球首位，占有绝对优势。2021 年 6 月，我国首款 CAR-T 药物获批上市，用于治疗既往接受二线或以上系统性治疗后复发或难治性大 B 细胞淋巴瘤成人患者，正式开启了国内细胞疗法新时代。

除肿瘤免疫之外，创新药物形式也为疾病治疗提供了更多的全新工具。近年来，双特异性抗体、多特异性抗体、CAR-T、T 细胞受体基因修饰 T 细胞（T Cell Receptor Gene Modified T Cells，TCR-T）、回旋自动谐振脉塞（Cyclotron Autoresonance Maser，CAR-M）、嵌合抗原受体自然杀伤细胞免疫疗法（Chimeric Antigen Receptor NK-cell Immunotherapy，CAR-NK）、小干扰核糖核酸（small interfering ribonucleic acid，siRNA）、信使核糖核酸（messenger RNA，mRNA）、小分子蛋白水解靶向嵌合体（Small Molecule Protein Hydrolysis Targets Chimeras，PROTAC）、规律间隔成簇短回文重复序列（Clustered Regularly Interspaced Short Palindromic Repeat，CRISPR）基因编辑、人工智能辅助药物设计等新药物形式或新技术不断取得新突破，每一个进展都意味着治疗边界的拓展。同时，质子刀等更为精准的放射治疗技术的普及应用将进一步提高肿瘤（特别是早期肿瘤）的疗效，从而大幅提高患者的生存时间和质量。

此外，我国在 RNA 疗法等先进新疗法领域也在持续取得突破。RNA 疗法因在新冠肺炎疫情中率先上市使用的新冠病毒 mRNA 疫苗而进入大众视线。RNA 疗法可分为寡核苷酸、mRNA 及与 RNA 相关小分子三类技术。目前，全球已有 10 款相关产品获批生产。在该领域，我国已研发出可在非低温环境下稳定保存的新冠病毒和其他病毒 mRNA 疫苗，并已进入临床评价阶段。艾博生物科技有限公司、斯微生物科技有限公司（以下简称"斯微生物"）等一批新兴生物技术企业所研发的变异株新冠病毒 mRNA 疫苗及其他各类治疗性药物的管线之丰富，临床申报进展之迅速，是前所未有的。百度研究院与斯微生物推出全球首个 mRNA 疫苗基因序列设计算法线形设计（Linear Design），最快可以在 16 分钟完成 mRNA 疫苗序列设计，提高了疫苗设计的稳定性和蛋白质表达水平。

（2）交叉融合技术提高了人类的生活质量

三维的（3 Dimensional，3D）打印、纳米机器人、脑机接口、外骨骼技术及再生医学等使组织器官的修复、再生、仿生成为可能，很大程度上提高了人们的生活质量，促进了全民健康。

3D 生物打印逐步实现了从基础研究向应用转化的发展，细胞打印、组织打印、器官打印相继出现，被广泛应用于医疗器械制造、骨骼修复、心脑血管临床治疗等多个领域。在器官 3D 打印方面，四川大学等对 30 只恒河猴进行了 3D 生物打印血管体内植入实验，实验动物的术后存活率为 100%，开创了我国血管疾病治疗的新纪元。在 3D 打印机研制方面，我国首台高通量集成化生物 3D 打印机 Bio-architect®X 于 2017 年研制成功，在相关领域的研究水平实现了从与国际先进水平"并跑"到"领跑"的跨越。

新一代实用的纳米机器人将成为新的机体健康卫士，不但可以精准清除体内的癌细胞、动脉粥样硬化斑块和病原体，修复受损器官，还可以通过强化携氧功能大幅度提高机体的产能，解决高原等极端环境下劳作难题。中国国家纳米科学中心已实现了纳米机器人在动物活体血管内稳定工作并高效完成定点药物输运工作，并验证了其在乳腺癌、黑色素瘤、卵巢癌及原发性支气管肺癌等多种肿瘤中的治疗功能[①]。中国科学院深圳先进技术研究院研发的纳米机器人也已迈向临床实用阶段。在巨大市场需求的牵引下，国际临床实用纳米机器人的研发公司和机构也已进军中国、布

---

① Li S, Jiang Q, Liu S, et al. A DNA nanorobot functions as a cancer therapeutic in response to a molecular trigger in vivo [J]. Nature Biotechnology, 2018, 36（3）：258-264.

局未来市场。

脑机接口以及外骨骼技术将大幅度提高残疾人和老年人、中风和偏瘫患者的生活质量。早在 2008 年，美国达勒姆实验室就成功地让一只猕猴用意念控制了一个远在日本东京的机器人的行走姿态，而且该猕猴用意念启动机器人机械臂动作的时间比启动自身下肢运动的时间还要短 20 毫秒。我国脑机接口研究虽起步较晚，近年来却发展迅速。在脑科学、神经科学和临床领域，景昱医疗科技有限公司在脑机接口领域自主研发了颅内电极自锁装置，实现了同类产品最优的植入电极精准度。该装置使用的是知识产权双频刺激芯片，可实现双侧差异症状精准控制。清华大学等利用其自主开发的稳态视觉诱发电位（Steady State Visual Evoked Potential，SSVEP）脑机接口系统，首次帮助肌萎缩侧索硬化症患者实现"用意念打字"，大幅度提升了患者的生活质量。2021 年 3 月，浙江大学医学院附属第二医院完成了我国首例自主知识产权的基于闭环脑机接口的神经刺激器植入手术，在难治性癫痫等疾病诊治方面取得了良好的治疗效果[①]。同时，外骨骼技术被广泛应用于相关人群的训练中，可增强人体机能，实现力量的增强和感官的延伸。北京大艾机器人科技有限公司于 2018 年获得了国内首个下肢外骨骼机器人注册认证，标志着我国下肢外骨骼机器人已经从研发阶段转为产业化量产阶段，大大推动了运动康复领域产业发展的进程，也为提高老年人群的生活质量带来了新的技术支持。

衰老生物学的研究成果进一步揭示了人体器官老化的机制，衍生出越来越多的衰老干预新概念、新技术和新模式，为全面提高老年人群的健康素质和生活质量、有效应对老龄化社会提供了坚实的科学基础。可以预见，未来通过在恰当时机选择恰当的技术，选择性地清除人体内的"僵尸细胞"，就可以实现"冻龄"。人类的健康预期寿命将大幅度延长，社会将充满活力。

---

① 闵栋，李静雯，王秀梅，等. 脑机接口技术在医疗健康领域应用白皮书［R］. 北京：中国人工智能产业发展联盟，2021：58-60.

　　以干细胞为基础的再生医学将实现受损组织或器官的修复和再造，让危重患者重获新生。中国科学院遗传与发育生物学研究所在国际上率先开展了"脐带间充质干细胞卵巢内移植治疗卵巢早衰合并不孕症"的临床研究，并且在全球首次利用再生医学技术完成了对卵巢早衰患者的成功治疗，标志着我国在再生医学临床研究中取得了重大突破[1]。此外，利用干细胞直接生成类器官是近年来研究的一大热点，可用于肠道、心脏、肝脏、肾脏、肺以及大脑等组织、器官的培养，为临床前研究的疾病模型提供了新来源。

　　生物技术与信息技术融合并大幅度改变人类生活模式的时代已迎面而来，成为一个全新的产业模式。令人惊叹的是，这个几乎还处于概念—现实转化中的新领域已获得国内多家资本追捧。资本角逐推动新兴技术产业发展也许将成为我国新技术领域发展的新模态，值得进一步观察和探讨。

---

[1]　李响. 我国干细胞治疗卵巢早衰临床研究首个健康宝宝诞生［N］. 光明日报，2018-01-15（8）.

2. 合成生物学和基因编辑技术可以为人类提供更为优质的资源

合成生物学旨在以传统生物学获得的知识与材料为基础，利用系统生物学的手段对其加以定量的解析，在工程学和计算机技术的指导下，设计新的生物系统或对原有生物系统进行深度改造[①]。合成生物学的快速发展使"设计"生物的能力不断提升，开启了生命科学可定量、可计算、可预测、工程化的"会聚"研究时代，也成为世界发达国家竞争的热点领域。

我国对合成生物学领域的动态把握起步较早，并取得了系列重要成果。继我国科学家于 2018 年在国际上首次人工创建了单条染色体的真核细胞，实现合成生物学领域的里程碑式突破之后，中国科学院天津工业生物技术研究所于 2021 年首次实现淀粉的全人工合成，并产生巨大的学术反响，再次走在了世界前沿。2021 年，北京大学首次构建了自调节可重构的脱

---

① 中国科学院上海营养与健康研究所. 生命健康科技知识手册［M］. 北京：中国人事出版社. 2020.

氧核糖核酸（deoxyribonucleotide，DNA）电路，为发展新型生物计算和基因编辑技术提供了新思路[①]。上海科技大学开发的可编程、可 3D 打印的活体生物被膜功能材料，是我国首次成功搭建的基于枯草芽孢杆菌 TasA 淀粉样蛋白的活体生物被膜功能材料。在医药领域，合成生物学已逐步被应用于药物研发与制造。例如，2020 年，国内原创的利用合成生物学技术开发的首款基因治疗创新药 SynOV1.1 获得美国食品药品监督管理局（Food and Drug Administration，FDA）的临床试验许可（登记号：NCT04612504），用于治疗包括中晚期肝癌在内的甲胎蛋白阳性实体瘤。这是全球第一次将经过合成生物学技术优化、改造的免疫疗法用于治疗中晚期肿瘤患者，具有划时代的意义。随着相关领域的迅猛发展，人工合成的活体药物有望为癌症、遗传病、传染病等未被满足的临床需求提供有效的治疗手段。

由于 CRISPR 技术的诞生，合成生物学的效率得到

[①] Shao Y, Lu N, Wu Z, et al. Creating a functional single-chromosome yeast [J]. Nature, 2018, 560（7718）：331–335.

大幅度提高，为优质的药物、新能源以及动植物优良品种设计提供了捷径。不到 10 年时间，基因编辑技术飞速发展，相关领域研究论文数量呈现指数增长趋势。截至 2020 年，基因编辑技术相关论文数量增至近 3 万篇，年均增长率超过 20%。随着基因编辑技术不断优化升级，人类可以通过"改造"基因达到预期治疗效果。我国在技术优化、基因修复、疾病治疗研究中取得多项革命性进展。

（1）技术优化方面

在技术优化方面，单碱基编辑技术不断改进，中国科学院脑科学与智能技术卓越创新中心建立基于二细胞胚胎注射的全基因组脱靶检测（Genome-wide off-target Detection by two-cell Embryo Injection，GOT I）技术[①]，对现有的单碱基编辑技术进行了优化，可精准客观地评估基因编辑工具的脱靶率，为单碱基编辑技术进入临床应用奠定了基础。2021 年，我国 CRISPR-

————————

① Zuo E, Sun Y, Wei W, et al. Cytosine base editor generates substantial off-target single-nucleotide variants in mouse embryos［J］. Science, 2019, 364（6437）: 289–292.

Cas12i 与 CRISPR-Cas12j 两个新型基因编辑核心工具获得国际授权，填补了我国在基因编辑核心工具领域的空白[①]。

（2）基因修复方面

在基因修复方面，我国已在小鼠模型中成功实现了白内障、高酪氨酸血症、肌营养不良疾病的治疗性胚胎基因编辑，为使用 CRISPR 技术治疗相关疾病提供了理论依据。

（3）疾病治疗方面

在疾病治疗方面，北京大学利用 CRISPR 基因编辑技术在人造血干细胞中，使 CC 趋化因子受体 5（C-C chemokine receptor 5，*CCR5*）基因失活，并将其移植到感染人类免疫缺陷病毒（Human Immunodeficiency Virus，HIV）伴有急性淋巴［母］细胞白血病的患者体内[②]，在全球首次证明了基因编辑的成体造血干细

---

① 谷业凯. 我国科研人员研制新型基因编辑工具让作物育种更精准高效［N］科技日报，2022-05-23（19）.

② Xu L, Wang J, Liu Y, et al. CRISPR-edited stem cells in a patient with HIV and acute lymphocytic leukemia［J］. New England Journal of Medicine, 2019, 381（13）: 1240-1247.

胞移植的可行性和在人体内的安全性，对于推动基因编辑技术治疗多种疾病的临床研究具有重要参考价值和临床意义。目前，恶性肿瘤治疗中热度最高的是CAR-T疗法。在对免疫细胞改良的过程中，基因编辑技术发挥着重要作用。2016年6月，四川大学华西医院开始利用CRISPR基因编辑T细胞，治疗晚期非小细胞癌的I期临床试验；2016年10月28日，完成了世界首例基因编辑细胞的人体注射；在2020年4月28日，报道了最新成果，证实了CRISPR基因编辑技术在临床应用中的安全性[①]，为后续类似研究奠定了基础，并为一些没有其他有效治疗手段的疾病提供了治疗思路。此外，温州医科大学高基民团队研发的CAR-T系列已发展至第五代TRuC-T，在难治性多发性骨髓瘤的临床备案研究中展示出高效、低毒的特征，在该领域具有很强的竞争力。

---

① Lu Y, Xue J, Deng T, et al. Safety and feasibility of CRISPR-edited T cells in patients with refractory non-small-cell lung cancer [J]. Nature Medicine, 2020, 26 (5): 732-740.

3. 农业和环境生物技术将有利于改善环境和解决食品安全问题

生物技术为环境修复和开发绿色能源提供了技术支持，而且在生物育种、生物农药、生物降解等诸多方面都具有广泛的应用。

环境生物技术是环境保护、修复中应用最广的技术，在控制水污染、治理大气污染、开发清洁可再生能源等方面发挥着重要的作用。贵州科学院在污水中的氮磷处理技术方面取得突破，解决了国际上生物脱氮研究领域 120 余年无法破解的难题，为环境污染治理、水体富营养化控制与生物脱氮研究与应用提供了理论基础[①]。同时，生物技术、资源环境技术的深入实践让沙漠变绿洲成为现实。例如，经过 30 多年的治理，库布齐沙漠的植被覆盖率达 53%，成为到目前为止世界上唯一被整体治理的沙漠，被联合国称为"全

---

① 何星辉，周少奇. 从微生物里找出水污染的克星［N］. 科技日报，2020-09-15.

球沙漠生态经济示范区"[①]，也为我国在国际碳交换领域占据主动权提供了坚实基础。

智慧农业是我国"十四五"时期的重点发展方向，蔬菜工厂（垂直农业）在节能环保、打造现代农业新生态方面发挥着重要作用。与传统栽培相比，其生产过程完全不使用农药，用水量可减少90%，肥料可节省50%，土地可节省约95%，可促进"能源＋生态＋农业"模式的深入发展。并且由于其可以被设置在社区，所以几乎没有物流成本。中国科学院植物研究所指导的基于光谱建成的蔬菜工厂已具有上万平方米的规模，作物产能是平地农业的四五十倍。除了提供无公害的各类蔬菜瓜果，蔬菜工厂还可以根据消费者的需求提供富硒、富锌等保健蔬菜，实现了食品安全与健康促进的无缝衔接。

基因编辑、分子定向设计、全基因组选择育种、干细胞育种、太空诱变育种等技术的发展促使育种向更加绿色、高效的方向发展。自1996年以来，国家植

---

① 潘少军. 创造荒漠变绿洲的奇迹（共建地球生命共同体）
[N]. 人民日报，2021-05-12.

物航天育种工程技术研究中心进行了 20 多次空间诱变试验，先后培育出 60 余个水稻新品种，其中原农业部认定的超级稻品种 4 个，显著提高了社会和经济效益[①]。此外，我国还在生物育种机制研究方面取得了突破性进展，引领前沿。我国科学家发现了赤霉素信号传导的新机制及调控水稻高效利用氮肥的分子机制[②]，可促进培育"少投入、多产出"的绿色、高产、高效作物新品种，为可持续农业发展提供了新策略。

除此之外，我国商业航天企业逐渐兴起，为发展空间生物科学和技术带来了新的机遇。据北京未来宇航空间技术研究院公布的《2018 中国商业航天产业投资报告》显示，截至 2018 年年底，国内已注册的商业航天领域公司有 141 家，其中民营航天企业 123 家，占比 87.2%，将成为我国发展空间生物科技的新生力量。这也意味着我国太空生命科学研究及转化开启了

---

① 赵阳. 带着种子上太空［J］. 今日中国，2021，70（02）：50-53.

② Wu K, Wang S, Song W, et al. Enhanced sustainable green revolution yield via nitrogen-responsive chromatin modulation in rice［J］. Science, 2020, 367（6478）: eaaz2046.

一个全过程自主控制的新模态，为我国引领太空生物科技提供了前所未有的新机遇。

4. 大数据和生物技术融合大幅度提高了突发公共卫生事件的预防能力

健康大数据是我国公共卫生事业发展过程中不可或缺的重要组成部分。2015 年，公共卫生领域健康大数据被正式提出。强大的流行病学基础、稳健的知识整合、循证医学原则和拓展的转化研究议程是大数据应用于公共卫生领域的推动力[①]。大数据在公共卫生事件中的应用的典型案例是 2013 年美国的流感大暴发事件，科学家通过分析互联网数据评估了流感的影响程度；新冠肺炎疫情期间，虽然大规模的疾病暴发让医院措手不及，但医疗卫生部门利用大数据技术建立了信息管理平台，利用信息技术对当地的健康状况进行了实时监控，有效地降低了成本，起到了控制疾病蔓延、防止疫情恶化的作用。此外，大数据在产业协

---

① 王黎洲. 健康大数据在公共卫生领域中的应用研究 [J].
中国卫生标准管理，2016，7（09）：1–2.

同方面的强大能力也逐渐凸显，通过大数据快速实现了区域产业摸底，监测区域企业产能以做到疫情有效防控，通过大数据协同实现了防疫物资跨区域运输、交接。

医疗卫生领域的公共卫生事业对于我国居民的健康医疗水平有着非常重要的影响，关系着全体群众的利益。要想更好地提高公共卫生工作及医疗卫生服务的质量、效率与效用，更好地维护人民群众的利益，就要将公共卫生事业的信息建设得更加透明、更加有效，积极进行健康大数据的建设，促进医疗卫生事业的高质量发展和标准化建设，切实推动我国医疗卫生事业更加有效地发展。

大数据在疫情防控中的"威力"以及我国在此领域的效率，在本次新冠肺炎疫情的防控中彰显得淋漓尽致。通过绿码、黄码、红码等技术，就可实现感染者和密切接触者的无缝监控。由此可见，医药卫生的变革和发展不仅仅需要技术的支持，更需要策略和制度的支持。

5. 生物技术与信息技术的融合发展大大促进了中医药的现代化

生物技术与信息技术的融合发展为中医药现代化的快速发展提供了前所未有的机遇。基于人工智能（Artificial Intelligence，AI）的数字中医技术，已可作为中医病症的辅助诊断工具。面诊仪、舌诊仪、脉诊仪、罐诊仪等中医智慧医疗仪器设备层出不穷，消除了医师间中医辨识的个体化差异，推进了中医诊疗的均等化。上海中医药大学自主研发的舌诊仪即将进入医疗器械注册审评阶段。其研发的"数据库平台"将成为标准化技术公共平台，为中医智慧诊疗技术的发展提供了标准规范方案[①]。

体内示踪技术在解析中医经络的物质基础方面已取得可喜的成就，进一步加快了中医理论的"物质化"进程。各种组学分析技术有助于解析中药复方的多靶

---

① 王春. 避免陷入技术"内卷"中医现代化需要跨学科融合 [N]. 科技日报，2021-08-20.

点效应机制，为发展新的复方药物提供了基础。例如，香港浸会大学等通过现代组学技术及分子生物学手段，证明了猪胆酸可在人体内有效控制血糖水平[①]，有望在预防和治疗 2 型糖尿病方面实现突破[②]。

安全有效的药材是发展中医药产业的基础。促进中药材标准化种养殖基地的建设、建立药材追溯体系是保证中医药质量的关键。近年来，我国在道地药材种植基地建设及标准化体系研究上取得了一系列进展。例如，黑龙江省是道地关药（指山海关以北，东北三省及内蒙古自治区东部地区所产的道地药材）的重要产地，中药材产业呈现前所未有的蓬勃发展态势。2020 年，该省中药材基地面积达到 260 万亩（1 亩

---

① Zheng X，Chen T，Jiang R，et al. Hyocholic acid species improve glucose homeostasis through a distinct TGR5 and FXR signaling mechanism [J]. Cell Metabolism，2021，33（4）：791-803.

② Zheng X，Chen T，Zhao A，et al. Hyocholic acid species as novel biomarkers for metabolic disorders [J]. Nature Communications，2021，12（1）：1-11.

≈ 666.67 平方米）[①]，建有 35 个中药材基地建设示范县和 5 个特色小镇，在国内市场占有较大份额。

在中医药资源的保护和可持续利用方面，现代科技发挥了至关重要的作用，许多现代生物医药技术已经被应用于中医药的培育、繁殖、发展中。全传感器控制的蔬菜工厂为生产优质、无公害的道地药材提供了前所未有的机遇，保证了中药资源利用的可持续发展。

综上所述，生物经济时代确已到来，生命科学与健康产业已成为中华民族复兴大业的重要基石。生物科技对于人类健康、提高生命质量具有重要的促进作用，将彻底颠覆传统医疗模式；而生物经济的深入发展也离不开人民生命健康的高质量发展，两者相辅相成、互相促进，均为中华民族的伟大复兴打下了坚实的健康基础。

---

① 黑龙江省人民政府办公厅. 黑龙江省人民政府办公厅关于印发黑龙江省"十四五"中医药发展规划的通知［EB/OL］.（2021-12-31）［2022-05-29］. https://zwgk.hlj.gov.cn/zwgk/publicInfo/detail?id=450630.

（三）生命科学领域蓬勃发展，成为国家重要的软实力

我国进入发展新阶段，经济实力、科技实力、综合国力和人民生活水平均跃上了一个新的大台阶，生命科学与健康产业迈入高质量发展的重要节点。我国坚持以人民为中心，强化生命健康领域的国家战略科技力量；以创新策源引领高质量发展，科研投入、论文专利、科技期刊、生命健康产业等蓬勃发展。国际大科学计划实现了从参与到领衔的突破。

1. 科技期刊蓬勃发展，形成国际高水平本土期刊集群

科技期刊的国际影响力是国家科技竞争力的重要标志之一，成为我国科技软实力建设的一个重点领域。国家为此先后出台了一系列计划和政策，如中国科协精品科技期刊工程（2006 年）、中国科技期刊国际影响力提升计划（2013 年）、中国科技期刊登峰行动计划（2016 年）《中国科技期刊卓越行动计划实施方案

（2019—2023 年）》《关于深化改革培育世界一流科技期刊的意见（2019 年）》等，推动了我国科技期刊的高质量发展，夯实了进军世界科技强国的科技与文化基础，为我国科技期刊的发展注入了新的动力。

2020 年 2 月，《关于规范高等学校 SCI 论文相关指标使用树立正确评价导向的若干意见》《关于破除科技评价中"唯论文"不良导向的若干措施（试行）》等要求我国高校和科研单位改进科技评价体系，培育打造我国的高质量科技期刊，推进领军期刊建设，培育重点期刊、梯队期刊。同年 9 月 11 日，习近平总书记主持召开科学家座谈会并发表重要讲话，指出"要办好一流学术期刊和各类学术平台，加强国内国际学术交流"。同年 11 月 3 日，《中共中央关于制定国民经济和社会发展第十四个五年规划和二〇三五年远景目标的建议》明确提出，"将构建国家科研论文和科技信息高端交流平台作为强化国家战略科技力量的任务之一"。这些指导性的文件和措施，为我国建设世界一流科技期刊指明了方向。

自此，在较短的时间内，我国已跃升为科技期刊

大国。据《中国科技期刊发展蓝皮书（2020）》，截至
2019 年年底，我国科技期刊总量为 4958 种。据科睿
唯安 2020 年度《期刊引证报告》，我国期刊占比和影
响力大幅度提升。2020 年，《期刊引证报告》共收录
我国期刊 253 种（不含港澳台地区），新增收录 29 种；
相比于 2019 年，我国期刊影响因子上升的有 180 种，
占比 72%，平均上涨 0.455。

除数量以外，我国还在生命科学领域孵化出一批
本土高水平期刊，在促进生命科学领域的原始创新方
面发挥了重要引领作用。据 2020《期刊引证报告》，
我国生命科学领域共有 5 种本土期刊的影响因子破 10：
《细胞研究》（Cell Research）《真菌多样性》（Fungal
Diversity）《分子植物》（Molecular Plant）《骨骼研究》
（Bone Research）《蛋白质和细胞》（Protein & Cell）。
其中，《分子植物》（Molecular Plant，由中国科学院
分子植物科学卓越创新中心和中国植物生理与植物分
子生物学学会主办）的影响因子为 12.084，在 234 种
植物科学领域期刊中排名第五，成为国际植物科学领
域的高端学术期刊之一；《细胞研究》（由中国科学院

分子细胞卓越创新中心和中国细胞生物学学会主办）的影响因子高达 20.507，在 195 种细胞生物学领域期刊中排名第七，在亚太地区生命科学领域学术期刊中排名第一。这是中国自主创办的学术期刊的影响因子首次超越 20，标志着《细胞研究》作为我国具有自主知识产权的学术期刊，已进入国际顶尖期刊行列，在提升我国学术话语权和影响力、推动我国科学文化更好更快地走向世界方面发挥了重要引领作用。

2. 论文专利数量快速增长，增速全球领先

2011—2020 年，全球生命科学论文数量呈现显著增长的态势，我国增速全球领先。2020 年，全球共发表生命科学论文 962737 篇，比 2019 年增长了 9.38%，复合年均增长率为 4.82%。我国生命科学论文的复合年增长率为 15.67%，显著高于国际平均水平，其他国家的复合年增长率大多处于 1% ~ 7% 之间。同时，我国生命科学论文数量占全球的比例也从 2011 年的

7.74% 提高到 2020 年的 18.78%（图 1-2）[①]。

图 1-2　2011—2020 年，全球生命科学论文数量年度变化趋势

2020 年，全球生命科学和生物技术领域专利申请数量和授权数量分别为 115996 件和 68676 件；与 2019 年相比，申请数量下降了 3.27%，授权数量增长了 7.50%。2020 年，我国专利申请数量和授权数量分别为 38460 件和 26549 件，分别比 2019 年增长了 0.48% 和 29.55%，远高于全球增速（图 1-3，图 1-4）。

———————————

①　科学技术部社会发展科技司，中国生物技术发展中心. 中国生命科学与生物技术发展报告（2021）[M]. 北京：科学出版社，2021.

2011—2020 年，我国专利申请 / 授权数量及全球占比呈总体上升趋势（图 1-3、图 1-4）。可以看出，我国在生命科学及生物技术领域对全球的贡献和影响越来越大。自 2011 年以来，我国专利申请数量维持在全球第二位；2020 年，我国专利授权数量跃居全球第一。专利合作条约（Patent Cooperation Treaty，PCT）专利申请方面，2020 年，全球 PCT 专利申请数量排名前 5 位的分别为美国、中国、日本、韩国和德国 [①]。

图 1-3　2011—2020 年，全球生命科学领域专利申请年度变化趋势

① 科学技术部社会发展科技司，中国生物技术发展中心. 中国生命科学与生物技术发展报告（2021）[M]. 北京：科学出版社，2021.

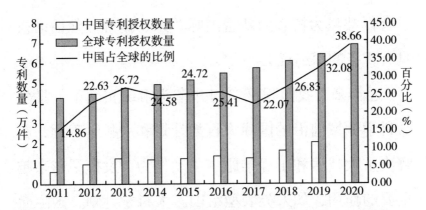

图 1-4　2011—2020 年，全球生命科学领域专利授权年度变化趋势

3. 主导和参与多项生命科学领域的国际大科学计划和大科学工程[①]

国际大科学计划和大科学工程是人类开拓前沿知识、探索未知世界和解决重大全球性问题的重要手段，是一个国家综合实力和科技创新竞争力的重要体现。作为建设创新型国家和世界科技强国的重要标志，牵头组织大科学计划对于我国增强科技创新实力、建立

---

① 国务院. 国务院关于印发积极牵头组织国际大科学计划和大科学工程方案的通知［EB/OL］.（2018-03-14）［2021-07-13］. http://www.gov.cn/zhengce/content/2018-03/28/content_5278056.htm.

以合作共赢为核心的新型国际关系、提升国际话语权具有积极的深远意义。

近年来，我国积极参与并牵头组织实施了一批生命科学领域前沿的国际大科学计划和大科学工程，在解决重大技术和工程难题中主动作为，发挥了越来越重要的作用，如人类表型组国际大科学计划、国际微生物组大科学计划、千人基因组计划、跨部门太空脑科学实验计划、人与生物圈计划、"伽利略"计划、人类脑计划等。据统计，自20世纪90年代以来，我国作为成员国参加的国际大科学计划约有20项[①]，主要聚焦事关全球可持续发展的重大问题、支持各国科学家共同开展研究，为提升我国科技水平、提高国际影响力发挥了重要作用，实现了从最初的少量参与到重要参与再到主动发起和引领的角色转变，也将会成为未来创新和共享发展中的新模态。

国务院于2018年发布并实施《积极牵头组织国际大科学计划和大科学工程方案》，加快启动了由我国

———————————

① 孙冬柏. 高校参与组织国际大科学计划和大科学工程的思考［J］. 北京教育：高教版，2017（2）：71-73.

牵头的国际大科学计划和大科学工程，促进了我国基础研究在科学前沿领域的全方位拓展。

二、生命健康产业进入发展快车道，产业结构优化升级

健康产业是生物经济的重要板块，也是引领未来经济发展的重要引擎。健康产业是涉及农业、工业、服务业的复合型产业，与其他产业相比，具有辐射面广、惠及人群广、吸纳就业多、产业增长快以及拉动消费作用大等特点。人口健康是最大的生产力。提高健康预期寿命、改善人群健康状况、延长健康工作时间，将会极大地繁荣产业、促进经济增长、维护社会稳定和提高人民福祉。

以新冠肺炎疫情为例，自2020年年初在全球大流行至2022年1月，两年时间内，疫情累计造成全世界范围内超过3.2亿人感染和超过550万人死亡，已成为第二次世界大战以来对全球经济打击最大的事件。它所带来的经济衰退较此前的全球性金融危机更加突

然且更严重，并且在多个国家和地区引发了系统性社会问题。面对疫情，我国科研人员不仅逐步深化对新冠病毒致病机制和传播规律的认识，而且从检测试剂、动物模型到新冠疫苗、抗体药物和临床疗法等方面都取得了一系列重要成果，"动态清零"政策下的公共卫生治理也取得了长期良好效果。2020年，我国成为全球唯一实现经济正增长的主要经济体；2021年，我国取得了GDP增幅达8.1%的经济建设成果。

我国生命健康产业五大基本产业集群包括医药产业、医疗产业、健康养老产业、健康管理服务产业、保健品产业等。近年来，随着国家对健康产业的支持、引导政策力度的加大以及企业的加速布局，我国大健康产业得到了较快的发展，以医药产业和健康养老为龙头带动我国大健康产业进入发展快车道，产业结构得以持续升级。

（一）产业规模持续壮大，从"第二梯队"向"第一梯队"进军

2016年10月，国家发布的《"健康中国2030"规

划纲要》提出，未来 15 年是推进健康中国建设的重要战略机遇期。随着一系列顶层设计文件的出台和政策的实施，我国生命健康产业规模持续壮大。据前瞻产业研究院《2021 年中国大健康产业全景图谱》，我国生命健康产业市场规模由 2010 年的 19308 亿元上升至 2019 年的 81310 亿元，增长了 4 倍之多。

生物医药是新一轮科技革命和产业变革的重点领域之一。当前，我国正处于从生物医药大国向强国转变的关键阶段。2015 年，我国对全球研发管线产品数量的贡献率约为 4%，处于生物医药创新的"第三梯队"；2020 年，我国对全球研发管线产品数量的贡献率升至约 14%，在全球仅次于美国（约为 49%）位列"第二梯队"[①]；未来，我国正准备向生物医药"第一梯队"迈进。

我国的制药行业正在经历从仿制药向跟踪式创

---

① 中国医创新促进会，中国外商投资企业协会药品研制和开发行业委员会. 构建中国医药创新生态系统系列报告第一篇：2015—2020 年发展回顾及未来展望［R］. 北京：中国医药创新促进会，2021：1-2.

新药的转型，以及从跟踪式创新药向"全球首创新药"的转型。从整体来看，2015年以来，随着药政审评、审批政策的逐步推进，药品审评积压的状况得到了显著的改善；药品上市许可持有人（Marketing Authorization Hold，MAH）等制度的试点也在很大程度上减轻了初创型研发企业的投入要求；企业申报数量和创新药品种获批的数量较此前有了显著增长。

近年来，借助国内药政审评审批的政策红利和资本市场的助力，国内企业的研发类型正从单纯的 Me-too/Me-better[①] 到 Fast-follow[②] 逐步转向追求 First-in-class[③]。过去20年，我国创新药从无到有，扭转了新药要靠进口的局面。但目前整个行业处于跟踪创新阶段，

[①] Me-too 指派生药，具有自己知识产权的药物，其药效和同类的突破性药物相当；Me-better 指原型改良药，临床疗效或安全性优于首创新药物的新药。

[②] Fast-follow 指快速跟进药，在不侵犯他人专利的情况下，在已有靶点和机理的基础上，对新药进行分子结构改造或修饰，寻找作用机制相同或相似、具有新治疗效果的新药。

[③] First-in-class 指首创新药，通过寻找全新的药物靶标、作用机制和分子结构，从无到有逐步合成候选化合物，经过反复试验筛选，最终发现既满足治疗效果又满足人体安全性要求的药物。

即 Me-too 或 Bio-similar① 新药，绝大部分产品还只是定位在国内市场。同时，近年国内创新药市场的竞争亦在逐步加剧。海外跨国药企的重磅品种加速进入国内、国产优质创新药的不断推出，都在挤压 Me-too 类药物的"生存土壤"。可以预见，未来 Me-too 类药物的市场地位将不断下行。以研发优质创新药来应对加速进入我国市场的外资品种、应对仿制药市场的变革，将成为我国药企未来发展的主要路径。我国医药行业将逐步完成由 Me-too 向 Best-in-class 和 First-in-class 的转型。

近年来，授权（License）合作是制药领域非常流行的一种产品引入方式，对外授权（License Out）是授权方通过收费的方式向引入方授予许可。对外授权模式是对我国新药研发实力逐步得到海外市场的认可，不依赖于从国外企业引进创新药。我国本土创新型企业也在探索细分技术领域的合作发展，以

---

① Bio-similar 指生物类似药，在质量、安全性和有效性方面与已获准上市的参照药，是具有相似性的治疗性生物制品，包括疫苗、血液及血液成分、组织和重组治疗性蛋白等。

提高新药的开发效率。百济神州宣布与全球性药企诺华（Novartis）就其自主研发的抗PD-1抗体药物替雷利珠单抗在多个国家的开发、生产与商业化达成合作与授权协议，首付款高达6.5亿美元。加科思将自主研发的含有Src同源2结构域的蛋白酪氨酸磷酸酶2（Src homology-2 domain-containing protein tyrosine phosphatases-2，SHP2）抑制剂以近10亿美元的价格授权给全球知名药企艾伯维。此外，艾伯维以17.4亿美元的里程碑付款，接近30亿美元的总金额，从天境生物获得来佐利单抗（lemzoparlimab，又称TJC4）在大中华区以外的国家和地区，开发和商业化的许可权。

中药是我国医药行业的重要组成部分，尤其是在抗击新冠肺炎疫情中，中药的战略地位更加凸显，并在国际上产生了较为广泛的影响。上海更是推动中医药纳入新冠肺炎防控"四早"（早发现、早报告、早隔离、早治疗）体系，应对德尔塔毒株，制定推广了上海市新冠肺炎中医药预防方案。全国中药产品需求成倍增长，我国中药生产企业已近1500家。消费市场需求的加大加快了中药材产业的发展步伐。据预测，目前国内中药材市场年需求量达 670 万吨。随着居民消费水平的提高，越来越多的人开始关注养生保健，各类中成药的需求在不断增大。以现有的数据推测，我国中药产业规模很快将突破万亿，并且在持续壮大。

（二）新技术赋能健康产业全链条，加速全方位应用突破

近年来，人工智能（AI）、物联网（Internet of Things，IoT）、5G+、大数据、区块链等前沿新兴技术与健康产业深入结合。尤其是新冠肺炎疫情暴发以来，越来越多的企业和科研机构通过与新技术的结合来完成创新突破，新技术赋能健康产业全链条。

1. AI 技术在多领域的技术开发与转化水平大幅度提升

AI 技术在医学影像、病例文献分析、虚拟助手、新药研发、医院管理、健康管理、基因、疾病预测与诊断、智能器械等领域的技术开发与转化水平大幅度提升。AI 医疗新技术应用场景试点也在逐步开展。在

医药产业，利用 AI 技术的认知能力（具有强大的学习能力、智能预测、可复制、可追溯等特点），有利于提升医药行业的制造品质，增强药品生产过程中的可追溯性和药品数据的可靠性，从多方面促使生物制药由劳动力密集型向智能技术型转变。目前，全球大量医药企业已开始探索 AI 与新药研发结合，通过智能技术加速新药研发过程，提升研发效率。而我国在生物医药领域的 AI 应用还处于认知、探索阶段，加快生物医药与 AI 产业融合将是大势所趋。

特别值得关注的是，AI 领域中以 AlfaFold 及 RoseTTAFold 为代表的全新蛋白质结构预测体系的出现，一下让蛋白质结构分析和靶点发现的效率大幅度提高，而且几乎"平民化"。相关机构已经将 3 万多个人体重要蛋白质的精准预测结构全部开放。可以预测蛋白质复合体、抗体、酶等重要大分子结构的专业预测系统也如雨后春笋般不断涌现。除了提高生命健康产业创新能力、效率，也改变了行业竞争的格局，也正因为其颠覆性创新和巨大的应用潜力，被列为 2021 年世界十大科技进展之首。

2. 远程医疗技术与应用场景得以深度开发

近年，基于移动网络、具备智能感知、远程传输和控制功能的远程指导平台、应用终端及其相关软件，特别是 5G 移动网络等新兴技术在远程医疗中得以应用，逐步构建起了适合医院、个人、家庭、社区应用场景的移动诊疗系统。产品和应用平台的技术标准体系建设得以推进。贯通院前、院中、院后的信息化系统实现了数据共享。形成"实时感知、互联互动、及时响应"的高效医疗服务功能也初具模型。

3. 区块链技术作用于健康产业信息传递

通过增加分布式架构、块链式数据验证与存储、点对点网络协议、加密算法、共识算法、身份认证、智能合约、云计算等多类区块链技术在医疗信息化领域得以应用，全面提升了信息传递的安全性、高效性、准确性与开放共享能力。区块链技术也已被尝试用于细胞治疗等新型治疗技术的实时监管。海南博鳌乐城国际医疗旅游先行区已试图利用区块链技术对审批通过后的区内干细胞临床应用项目实施精准监管，提高监管的门槛，杜绝"一抓就死，一放就乱"现象的出现，从而实现有序管理。

4. 健康数据互联互通技术得以构建

我国逐步建立了基于区块链技术的去中心化、可追溯的健康数据管理模式，建立了适合我国国情的智能照护服务标准及评价体系；研发了适用于医疗数据互联互通、营养健康大数据、运动健康大数据、环境健康大数据、心理健康大数据等的多源异构数据交换和融合技术标准，并建立了相应的数据共享机制、技术标准和运营规范；研制精度检测评价标准、互操作协议标准和多源同类数据融合与统一度量技术，开发多终端跨平台统一数据交换中间件；建成覆盖从尚未出生的胎儿到新生儿检查再到老年人群的全生命周期医疗健康数据记录、存储、分析和利用体系，建成覆盖家庭、社区和医院的共建共享、互联互通健康服务系统。

（三）创新产品开发全面加速，"量"增已至，"质"升可期

2008 年，我国启动"重大新药创制"国家重大科技专项，经过"十一五"和"十二五"期间的"铺"和"梳"，初步建立起创新研发平台和共性技术平台；"十三五"期间根据"培育重大产品、满足重点需求、解决重点问题"的原则进行组织，实现了"突"的跨越。共立项 3000 多项课题，中央财政经费投入 230 多亿元，针对 10 类重大疾病自主创新品种，成果斐然，推动了我国新药研发跨越式发展，在实现由医药大国向医药强国转变方面起到了重要的引领和催生作用。

10 年间共有 41 款 1 类新药获批，远超过去 23 年的数据。目前，我国已经有 100 多个品种获得新药证书。典型的创新品种包括西达本胺、阿帕替尼、贝那鲁肽注射液、利妥昔单抗、阿达木单抗、泽布替尼等，通过重大专项的推动得以实现国产化。产品开发周期方面，我国本土医药开发落后国际首创新药上市的时间周期在逐渐缩短。相较于 2015 年的差距，2020 年

在代表性靶点上已缩短近一半时间（从 8 ~ 10 年缩短至 4 ~ 6 年）。我国现处于快速跟进的渐进式创新阶段，创新产品开发速度全面加快。可以说，我国新药开发"量"增已至。

随着大批以研发为核心竞争力的国内企业聚焦于以 mRNA 平台为代表的新型疫苗技术，以 CAR-T 为代表的细胞免疫疗法，以蛋白质组学、基因组学、代谢组学和转录组学研究为代表的多组学研究，以及蛋白降解靶向嵌合体和分子胶水等世界先进生物科学技术。其中，部分企业已经达到、接近或领先世界的先进水平。可以说，未来我国创新药开发质量有望得到进一步提升。

（四）投资机构积极助力医药创新，产生"虹吸"效应

经过 30 多年的培育，我国资本市场日趋成熟，实力逐年上升。投资机构在深研科技趋势和产业规律的基础上，有效组织长期资本、顶尖人才、产业资源，在市场进入、产品迭代、战略升级、组织扩张等环节

提供了实践指南或具体路径，积极助力生命健康科技成果转化，已成为生物医药和健康产业发展的重要推手。

据灼识咨询资料显示，2020 年，我国生命健康产业共完成近 400 起风险投资（Venture Capital，VC），总融资金额突破 600 亿元，促使我国生命健康产业成为仅次于美国的、受资本青睐的第二大市场。其中，生物制药行业获得了超过 50% 的融资金额，其次为医疗诊断行业。2020 年，我国医疗健康首次公开募股（Initial Public Offerings，IPO）事件数量达到 63 起，创历史新高，同比增长超过 65%。关注上市企业所处的细分领域不难发现，生物技术和制药企业以及医疗器械或诊断类企业现已成为上市主力，IPO 数量分别高达 35 家、11 家和 10 家。这些企业拥有关键核心技术，科技创新能力突出，既符合科创板和港交所关于未盈利企业上市的要求，也满足国产器械逐步替代进口、创新药研发日渐崛起的行业背景和新冠肺炎疫情突袭所带来的特殊市场需求。

无论国内还是国外，生物医药常年占据整个生命健康领域融资额的半壁江山。第二批集中采购、医保目录调整等系列重磅政策落地、资本市场的助推、大型制药公司对生物技术领域的持续兴趣，加上市场对疫苗、体外诊断等的高需求，推动增加了生物制药板块投资交易的热度。

第二章
生命科学与健康产业发展挑战、
需求与机遇并存

　　慢性病和人口快速老龄化催生了新的医疗需求，资本加码布局养老产业以及国家鼓励社会资本举办医疗机构，加剧了我国医疗行业的竞争。在充分竞争的市场环境下，老年人对于医疗服务的质量要求也会越来越高。人口老龄化及慢性病对医疗需求增加，大健康产业也站在了历史的新方位，推开一扇新的健康产业大门。

　　近年来，世界格局发生了深刻变化。同时，我国已处于中华民族伟大复兴和百年未有之大变局的历史交汇点。全生命周期健康管理已被提至战略高度，全民健康发展进入决胜期，重塑生命科学与健康产业新模态恰逢时机。

一、我国人口结构和疾病谱发生深刻变化，社会负担依旧沉重

（一）慢性病的发病率持续攀升，对健康的威胁日益加剧

随着工业化、城镇化、人口老龄化进程加快，我国居民生产生活方式和疾病谱不断发生变化。我国的疾病谱早已从传染病转向慢性病，而且发病率逐年攀升。据世界卫生组织（World Health Organization，WHO）预测，到 2030 年，45 岁以上中国人群患有一种及以上慢性病的人数将增加 3 倍以上，慢性病的发病率将至少增加 40%。慢性病发病率的攀升已造成巨大的社会负担，"看病难，看病贵"已成为最突出的社会问题之一。

从死亡率来看，据《中国居民营养与慢性病状况

报告（2020）》，慢性病已成为危害我国居民健康的"头号杀手"。2019 年，中国因慢性病导致的死亡人数已占到全国总死亡人数的 88.5%。其中，因心脑血管疾病、癌症和慢性呼吸道疾病死亡的人数为全国死亡总人数的 80.7%，疾病负担仍然较重。此外，我国恶性肿瘤死亡人数占居民全部死因的 20% 以上，已成为我国居民的主要死因。据 2019 年国家癌症中心发布的全国癌症统计数据，2015 年，全国恶性肿瘤发病约 392.9 万人，死亡约 233.8 万人，平均每天超过 1 万人、每分钟 7.5 个人被确诊为癌症。据世界卫生组织国际癌症研究机构（International Agency for Research on Cancer，IARC）发布的 2020 年全球最新癌症负担数据，我国约有 55% 的肝癌患者在确诊时已处于Ⅲ期或Ⅳ期；我国新发癌症人数及癌症死亡人数居全球第一，癌症患者承受着沉重的疾病负担，存在着巨大的未满足需求。特别值得注意的是，我国居民特别是青少年的精神类疾病的发病飙升，成为一个新的、严峻的公共卫生问题。据我国 2020 年心理健康蓝皮书《中国国民心理健康发展报告（2019—2020）》，我国青少年抑郁症的发病率已达 24.6%，重度抑郁的发病率高达 7.4%。这是继严重危害青少年健康的近视之后，又一新的、必须面对的青少年疾患。"一人生病，全家遭殃"，青少年精神类疾病高发将严重危及社会稳定，成为重大公共卫生问题。

此外，来自大气、水、土壤等生态环境污染，食品、药品安全，生物安全风险等问题也构成了重大健康隐患。尽管我国在近年已经采取了多个专项治理行动并取得了阶段性成效，但整体仍需通过长期努力实现全面、高效和系统的治理。新冠肺炎疫情在全球的蔓延已极大地改变了公共卫生研发和服务系统的面貌。病毒变异株的层出不穷给全球抗疫带来了极大挑战。

（二）人口老龄化程度不断加深，形势严峻

我国老龄化进程的特点就是"来得早，来得快，人口基数巨大"。据第七次人口普查数据，截至 2020 年 11 月，我国 60 岁及以上人口为 2.64 亿人，占总人口的 18.70%；65 岁及以上人口为 1.91 亿人，占总

人口的 13.50%。据《世界人口展望 2019》预计，到 2050 年，我国 65 岁及以上人口将达 3.66 亿人，占总人口的 26.07%；到 2110 年，我国 65 岁及以上人口将达 3.39 亿，占总人口的 31.85%（图 2-1）。我国人口老龄化程度不断加深，形势相当严峻。

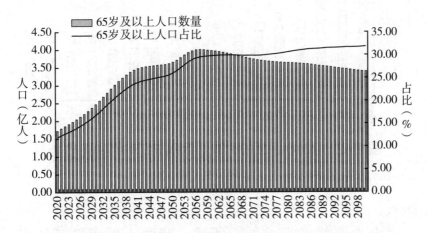

图 2-1　2020—2110 年，我国 65 岁及以上老龄人口数量及占总人口的比例

注：图中资料来源于《世界人口展望 2019》。

从人口负担情况来看，我国的养老负担将越来越沉重。据《世界人口展望 2019》，预计 2050 年我国的潜在支持率（Potential Support Ratio，PSR，可在一定程度上表示社会保障体系面临的压力）为 2.29，到

2100年将下降到1.71（图2-2）。PSR的持续下降表明我国养老负担将越来越重。

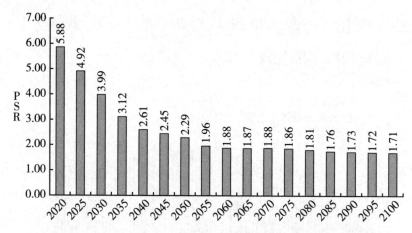

图2-2　2020—2100年，我国PSR的变化趋势

注：图中资料来源于《世界人口展望2019》。

更为严峻的是，如上所述，我国人群慢性病的发病率依旧居高不降，而且老年患者占比大。老年人生活护理需求与医疗健康需求的双重叠加，医疗系统不堪重负、护理成本高昂，已成为我国老龄化社会的最大痛点。2015年，中国老龄科学研究中心副主任党俊武在中国卫生经济学会第十八次年会上指出，到2053年，中国老年人口预计达到4.87亿，相应的卫生总费用占中国总费用的比例将从 40% 提升到 60%。

人口老龄化的加重带来了对健康服务的巨大需求，慢性病发病率的上升提高了人们对医疗服务的需求。要解决庞大的老年人口和慢性病群体面临的健康难题，就必须转变观念，聚合推进大健康理念的落实，集中力量解决慢性病高发这一公共卫生危机。

二、卫生健康事业亟须实现由"疾病救治"向"健康促进"的转变

我国经济的高质量发展，必然需要健康的高质量发展，即满足人民日益增长的健康需求。面对人民群众的美好需求与全民健康现状所存在的困境，我国既要促进医药卫生事业的转型、变革，也要不断地引入新的理念、生活方式和技术支持。

（一）健康理念不断升级，"防重于治"提出新需求

近年来，我国居民对生命健康领域的认识不断深

入，对健康的关注度持续上升，对健康的需求不断更新升级，对健康的评判维度不再仅限于"不生病"。消费者所追求的是更为全面的健康生活方式，是身体、心理、社会生活三方面都达到平衡的健康状态。《国民健康新趋势报告（2021年）》显示，免疫健康、体重管理、肠胃健康、美容护肤成为后疫情时代最受关注的四个健康问题；全民健康意识大幅度增强，健康素养得到进一步提升。民众的健康需求也逐步由单一的医疗服务向更加多样化、个性化疾病预防、健康促进、保健康复等多元化服务转变；同时，心理健康也逐渐受到高度关注。不断推动我国生命健康领域研究并以预防和控制重大慢性非传染性疾病为核心，将抗击疾病的关口前移，实现"早诊断、早治疗、早康复"。

健康理念的转变大大促进了我国"主动健康"综合服务体系的建设。提升全民健康素养是防病、控病最根本、最经济、最有效的措施之一。2020年，我国居民健康素养水平为23.15%，虽然比2019年（19.17%）有所增长，但仍有很大的提升空间。提升全民健康素养，实现由"被动健康"向"主动健康"

的转变，需要我国各科研机构、医疗机构等重视健康对口帮扶；同时，也需要我国居民实现由"被动接受"到"主动学习"的转变，可以主动维持并促进个人健康，从真正意义上实现"主动健康"与"全生命周期健康管理"。

对此，政府连续出台了多个重大规划和行动计划。例如，《中国防治慢性病中长期规划（2017—2025 年）》已注重从"治已病"向"治未病"的转变。《健康中国行动（2019—2030 年）》更是对全方位、全周期保证人民生命健康提出了新要求和具体指标，为我国医药、健康行业发展提出了新要求，为医疗模式的转变提供了新动力。此外，2021 年 5 月，国家疾病预防控制局正式挂牌，将大大促进以预防为主的大健康体系的建设，促进我国医药卫生事业从"以治病为中心"向"以人民健康为中心"的转变，有效地减少了疾病的发生、降低了社会医疗成本。

要实现这些重大规划和行动计划的目标，政府工作的模式、焦点亟须转变。除了加大宣传和教育普及的力度，法规和制度牵引也必不可少。2019 年年底突如其来的新冠肺炎疫情，传播速度之快、感染范围之广、持续时间之长、防控难度之大史无前例，对世界格局造成了重大影响。期间，我国的疫情防控逆势而上，成为全世界唯一实现"动态清零"的国家。除病原快速检测、大数据溯源和疫苗等科学技术发挥了重大作用外，政府坚持"动态清零"策略不动摇和措施到位发挥了更大的作用。法规和制度的牵引体现出我国强大的制度优势，把每一位公民都"强制性地"限制在疫情防控的正确位置上。这一"惊人"的成果全球几乎无一个国家可以复制。而且，这些有力的措施和成功经验必将在我国全民健康与慢性病防控中继续发挥重大作用。

本次疫情防控的成功经验再次强烈提示我们，政府未来医药卫生事业的工作重点应该聚焦在"减少发病人数"上，并且每个人都是第一健康责任人。

（二）加快推进医疗模式的变革，需要综合利用新技术

在新冠肺炎疫情的冲击下，全球产业格局业已发

生重大变革，呈现高科技化、精准化、智能化、融合化、国际化的发展趋势。我国亟须推进健康产业结构调整、转型，更好地保障人民生命健康。

此次疫情既是对全球公共卫生应急能力的一次大考，又是对构建人类命运共同体、人类卫生健康共同体的一次重大考验，是推进全球化升级的重要契机；是对全球健康产业链、供应链、服务链、价值链的一次重新调整和优化，催生了各种新技术、新业态，推动了健康产业及技术创新的快速发展与调整变革。从长远来看，新冠肺炎疫情的暴发加强了我国对与人民生命健康息息相关的医疗器械产业、试剂耗材产业的重视程度，尤其是呼吸、检测、健康防控相关产品，同时也推动了生物技术、装备制造、信息技术、AI 等相关技术的创新发展与交叉融合。例如，"互联网 + 医疗"在应对疫情、满足人民群众就医需求等方面发挥了重要作用。从医疗保障结算服务来看，"互联网 + 医疗"新业态涵盖在线支付、"一站式"结算等内容，驱动着数据授权共享、在线实时审核、在线支付、金融服务、信息安全等技术不断发展，也带动相关技术产业的全面融合。从 AI 应用服务看，AI 可实现健康实时监控与评估、疾病预警、慢性病筛查等。《中共中央关于制定国民经济和社会发展第十四个五年规划和二〇三五年远景目标的建议》明确提出要"推广远程医疗"。推广远程医疗是发展"互联网＋医疗"新业态的重要内容，是应对健康中国建设面临的问题和挑战拿出的实招、硬招。

随着"互联网＋医疗"服务模式的深入发展，数字健康行业（在线零售药房、在线问诊、线上消费医疗健康及数字医疗健康基础设施）步入重要发展机遇期。据弗若斯特沙利文咨询公司数据，在线问诊市场在 2019 年仅占中国总问诊量的 6%，而在新冠肺炎疫情的催化下，医疗服务数字化的发展将大幅增速。2019—2024 年，年化增长率将达 77.4%。互联网技术将大大推动以 AI 为基础的医疗流程优化、分级诊疗、健康管理及患者随访、区域卫生信息共享平台建设的发展，帮助医疗资源实现互联互通，提升诊疗效率。

三、全面实现健康中国建设目标，任重道远

（一）全民健康已进入决胜期，健康科技发展迈入重要节点

2020 年，我国实现了第一个百年奋斗目标，全面建成小康社会取得伟大历史性成就。人民健康是社会文明进步的基础，是民族昌盛和国家富强的重要标志。"没有全民健康，就没有全面小康"，党中央反复强调，要把保障人民健康放在优先发展的战略位置，并在科技发展面向社会需求的内涵中，把面向人民生命健康排在了第一位。全民健康建设步入了决战期，不但需要发展技术和医药产品，更要变革健康理念——把"不生病，生小病"作为首任，全面摆脱"救治模式"。

全面推进健康中国建设，满足人民群众日益增长的健康需求，实现全民健康，需要科技创新提供动力和支撑。健康科技是国家科技创新体系的重要组成部分，是全面推进健康中国建设的动力所在，是满足人民群众日益增长的健康需求的重要支撑。"十四五"时

期，我国发展仍然处于重要战略机遇期，加快推进面向人民生命健康的科技创新是重中之重。

健康中国、全民健康与科技创新融合将促进多个前沿学科交叉研究的发展，从学科层面推动健康科技创新发展，包括医学与光学、电子、材料、纳米技术、生物信息、大数据结合等。推动健康科技创新需要做好多种前沿交叉技术的落地和应用，而前沿学科的理论和技术突破也将为健康事业的发展提供动力和支撑，并形成新的经济增长点。

随着多层次、多样化健康需求持续快速增长，健康产品、健康服务等总需求急剧增加，对健康产业规模、健康管理模式等的要求也相应提高。以生物技术和生命科学为先导，涵盖医疗卫生、营养保健、健身休闲等健康服务功能的健康产业，已成为 21 世纪引导全球经济发展和社会进步的重要产业。随着生物、信息等多学科加速交叉融合，科技发展、技术升级将推动产业进一步升级和融合，还将推动健康产业交叉汇聚、跨界融合发展。健康产业将与互联网、现代农业、智能制造、文化旅游等产业深度融合，同时不断催生出各种新产业、新业态、新模式。

在全面建成小康社会，面向世界科技前沿、面向经济主战场、面向国家重大需求、面向人民生命健康的大背景下，对健康科技发展赋予了新的重要地位和历史使命。这就需要加强顶层设计，从战略高度推动健康科技创新。例如，促进医研企结合，推进医疗机构、科研院所、高等院校和企业等创新主体高效协同发展；进一步健全科研基地、生物安全、技术评估、医学研究标准与规范、医学伦理与科研诚信、知识产权等保障机制[①]。

（二）医药工业创新体系深度调整，助力健康中国的建设

医药产业是保障全民健康、助推健康中国建设的民生民心产业。国家重视医药创新体系建设，并提供了系列政策支持。近年来，我国制定的系列战略规划强调，构建生物医药新体系，加快开发具有重大临床

---

① 付立华. 满足人民群众日益增长的健康需求［N］. 人民日报，2020-11-13.

需求的创新药物和生物制品，加快推广绿色化、智能化制药生产技术，强化科学高效监管和政策支持，推动产业国际化发展，加快建设生物医药强国的步伐。《"健康中国2030"规划纲要》《中医药发展战略规划纲要（2016—2030年）》《国民营养计划（2017—2030年）》等文件的先后印发，持续加大体制机制创新并力度，为医药创新体系建设创造了良好的环境。

我国重视政产学研金协同创新体系建设，已初步建成国家药物创新技术体系，以抗体药物、重组蛋白药物、新型疫苗、新型制剂等新兴药物为重点，推动了重大药物产业化的发展；布局建成了一系列技术平台，包括综合性平台、企业平台、单元平台等；初步建成了以科研院所和高校为主的源头创新、以企业为主的技术创新、上中下游紧密结合、政产学研金深度融合的网格化创新体系，自主创新能力显著提升，大大提高了药物研发的技术水平和规范性，推动了临床紧缺的重大疾病、多发疾病、罕见病、儿童疾病等药物的新药研发、产业化和质量升级。我国生物医药迎来了蓬勃发展，形成了量质齐升的局面，有力推动了健康中国的建设。

同时，我国已逐步建成门类较为齐全、初具规模、独立自主的医药工业体系，支撑诊断试剂、检测试剂盒、疫苗等产品的大规模生产。在"中兴事件"后，国内企业进一步强化自主创新、完善产业链布局、避免断供和卡脖子的风险意识，并取得了显著提高的效益。2018年，在中美贸易战暴发的背景下，达安基因、万孚生物、纳微科技、乐纯生物都迅速响应国家政策，提前重塑和布局产业链，突破"卡脖子"难题，实现了关键原材料的完全自产。2019年年底，新冠肺炎疫情突发，达安基因与万孚生物在获得病毒序列后，快速完成了新冠病毒核酸和抗体检测试剂盒的研发和注册，成为全国首批获得新冠病毒检测试剂注册证的企业。针对疫情的变化，达安基因新冠病毒核酸检测试剂盒日产量从5万人份迅速提高至100万人份，最高日产量能达到400万人份，实现量产。随着疫情的发展，万孚生物也快速研发出一系列新冠抗体、抗原的快速检测试剂盒，满足了境外入境人员过关之前就可以出结果的防控需求，大幅度提高了疫情防控的效率；

并且由于价格优势，也大幅度降低了政府负担；同时，也为企业带来丰厚的回报。据达安基因负责人介绍，2020年公司营业收入和利润等于公司创立20多年的总和。这一案例反映了近年国内企业不断强化崛起意识，并积极探索产业新模式。自新冠肺炎疫情全球暴发以来，国内疫苗厂商就遇到了物料短缺的问题，以往需要4~6周交付的储液袋，现在需要1年的时间才能交付。这让过去高度依赖进口产品的国内疫苗厂商面临"有枪没子弹"的窘境，而疫苗的研制又迫在眉睫。如何解决物料短缺问题成了疫苗研制的关键之一。乐纯生物与众多疫苗厂商取得联系并合作，24小时不间断地加工生产，保证了储液袋的足量供应。目前，国内数十亿剂疫苗使用了乐纯生物的产品。这一案例也为将来形成中国特色的产业链模块共享模式提供了借鉴。

（三）推进全生命周期健康管理，"融健康于万策"理念亟须落地

全生命周期健康管理从健康影响因素的广泛性、

社会性、整体性出发，以人的生命周期为主线，对婴儿期、幼儿期、儿童期、少年期、青年期、成年期、老年期等不同阶段进行连续的健康管理和服务，对影响健康的因素进行综合治理。全生命周期健康管理根据不同群体的特点，在重点时期为重点人群提供健康干预，如母婴保护计划、儿童营养计划、青少年健康促进、老人保健计划等①。通过全生命周期健康管理，将健康管理的关口前移，精准降低健康损害的发生概率，力求实现少得病、少得大病、健康长寿的目标。

近年来，国家积极采取措施，推动全生命周期健康管理全方位发展。全生命周期健康管理上升到了国家战略高度。《"健康中国2030"规划纲要》提出了健康中国建设的目标和任务，强调要"把健康融入所有政策，加快转变健康领域发展方式，全方位、全周期维护和保障人民健康"。党的十九大进一步强调："要完善国民健康政策，为人民群众提供全方位全周期健康服务。"《关于实施健康中国行动的意见》从全方位

① 李玲. 推进全生命周期健康管理［N］. 人民日报，2020-09-09.

干预健康影响因素、维护全生命周期健康和防控重大疾病三个方面明确了 15 个专项行动，为推动全生命周期健康管理提供了"路线图"和"施工图"。《中共中央关于制定国民经济和社会发展第十四个五年规划和二〇三五年远景目标的建议》指出，要全面推进健康中国建设，完善国民健康促进政策，织牢国家公共卫生防护网，为人民提供全方位全周期健康服务。全方位全周期健康服务也迎来了发展新机遇。

要实现上述目标，部门间的协同共进必不可少。全民健康促进已远远不是国家卫生健康委员会和医疗保险等几个部门就可以实现的，需要全体政府部门调动全社会的力量促进计划指标落地，协同共进机制不可或缺。我国新冠肺炎疫情防控期间取得的成就是对这一理念最好的诠释。

1. 抗击新冠肺炎疫情引发人们对全生命周期健康管理的高度关注及全新解析

大力推进全生命周期健康管理意味着需要提供覆盖从婴幼儿期到老年期不同阶段的预防、治疗、康复、健康促进等服务。因此，针对不同时期、不同人群、不同健康需求的服务对象提供全过程、全方位、全周期、专业化、有关怀、有温度的服务，促进健康并提升幸福感，全面实现全生命周期健康管理依然任重道远。

2. 生命周期不同阶段的疾病防控各有重点，管理难度大

由于生命周期不同阶段的健康状况的特点不同，各阶段疾病防控和健康管理的重点也不同。比如，妊娠期和新生儿期是生长发育迅速的阶段，卫生保健服务的重点应当放在营养保障、避免意外伤害等方面；学龄前期和学龄期是人体生长发育的旺盛时期，也是养成健康生活方式的关键时期，应当加强对儿童常见病和伤害的预防以及健康生活方式的培养；到了青春期和青少年期，则要更关注青春期特殊的心理健康问题；中年期已进入慢性病高发年龄段，对慢性病的防控是重点；老年期因为生理退行性变和免疫力降低，更应注意对各种慢性病，如阿尔茨海默病、抑郁、意

外伤害的防控。

生命周期的不同阶段是生长发育积累的过程，同时也是疾病发生相关危险因素累积的过程。慢性病基因易感性在整个生命周期变化并不大，但其他导致慢性病发病的因素具有显著的累积作用。例如，胎儿时期母亲的营养状况、婴儿出生体重等，婴幼儿以及儿童期的营养状况、饮食习惯、身体活动、感染等，青少年时期的肥胖、吸烟、身体活动不足等因素会随着生命周期逐渐积累，促成慢性病的病因链推移和发展，导致成年期慢性病的发生[①]。以中国国情为基础，有效控制不同阶段的危险因素，针对目标有的放矢，对促进全生命周期健康具有重要意义。

3. 全生命周期健康管理模式的推行，需要有良好的技术环境支持

特别值得注意的是，普惠的数字化技术，使持续监测、采集、留存人体生命体征数据并进行实时分析

---

① 梁晓峰，吴静. 全生命周期自始至终防慢性病 [N]. 健康报，2016-08-26.

成为可能，并且使紧密连接分散的资源和管理环节、实施即时干预成为可能。医疗与科技的融合将为建立健全优质高效的医疗健康服务体系，打造全生命周期的"健康医疗服务链"，推进全生命周期健康管理提供有力支撑。在常态化疫情防控的背景下，科技创新在医疗健康领域将持续发挥巨大作用，并赋能全生命周期健康管理医疗服务新模式，串联健康管理与促进、临床医学、慢性病管理、健康养老各个环节，且自身不断完善持续升级。

其实，真正实现高效的全生命周期健康管理非常困难，是全世界共同面临的难题。要实现突破，就需要全新模式的变革。"中国方案"就是将"融健康于万策"的理念确实落地，除了技术和民众的健康意识觉醒，还体现了我国的制度优势：通过制度和法规"强制"性地把民众约束在健康的生活方式和行为上，最终实现疾病谱的颓势扭转。我国在新冠肺炎疫情防控中取得的有效成果就是对"中国方案"的最好诠释。

四、全球治理体系发生深刻变革，中美博弈进入新阶段

近年来，国际格局发生了深刻变化，全球治理体系发生了深刻变革，国际力量对比发生了革命性的变化。以中国为代表的新兴经济体群体性崛起，对全球经济增长的贡献日益加大。新兴市场国家和发展中国家占全球经济总量的份额已接近40%，对世界经济增长的贡献率已经达到80%，成为全球经济增长的主要动力[①]。2020年，我国将科技自立自强作为国家发展的战略支撑，以科技助力经济发展，并成为全球唯一实现经济正增长的主要经济体。国际力量对比的深刻调整推动国际经济、科技、文化、安全、政治格局出现重大变化，推动全球治理体系出现深刻变革：单边主义、强国治理体系已被多极化对话、国家与非政府组织共同参与治理格局所替代，新兴市场国家和发展中

---

① 何毅亭. 我国发展环境面临深刻复杂变化 [N]. 人民日报，2020-12-25.

国家的国际地位和话语权不断提升。

新冠肺炎疫情给人类的生产生活带来了巨大影响，加快推进了国际格局演变的历史进程。我国利用自身控制疫情的经验，积极参与全球公共卫生治理体系变革，呼吁国际社会加大对世界卫生组织的支持和投入，发挥其关键领导作用，建立健全全球公共卫生安全长效融资机制、威胁监测预警与联合响应机制、资源储备和资源配置体系等合作机制，推动新冠肺炎防治工作更有效地开展。"人类命运共同体"与"人类卫生健康共同体"的理念将更加深入人心，深刻影响着发展观、国际观和安全观，世界各国将步入一个比以往更加相互需要、相互依存、相互融合的阶段。这为我国构建新型周边国家关系和新型周边外交带来新的发展契机。后疫情时代的多边合作将更加频繁，推动科技、健康快速发展，我国也迎来了经济、社会、科技发展的重要战略机遇期。

全球百年大变局下，我国发展面临的国内外环境日趋复杂，不稳定性、不确定性明显增加，尤其是中美关系发生了深刻复杂的变化。2008年金融危机之后，中美实力差距不断缩小，以致西方国家出现了"结构性焦虑"。美国高度重视生物经济的发展，将其视为关系到经济繁荣和国家安全的重要议题，高度戒备我国生物技术产业的快速崛起，将多项技术和产品纳入对我国出口管制的清单，限制中美人才、科技交流、产业合作和贸易往来，并试图联合其他国家重构产品制造供应链。面对"中美博弈"和"西方围堵"，我们必须要有充分的准备、坚强的信心和意志、灵活多变的战术、持之以恒的战略决策，对各种重大挑战、重大风险、重大阻力、重大矛盾作出充分预估，客观评估新冠肺炎疫情下国际格局的演化与发展趋向，未雨绸缪、妥善应对，于变局中开新局。

第三章
我国生命科学与健康产业面临的挑战

党的十九大已经明确提出"到 2035 年，基本实现社会主义现代化；到 2050 年，建成社会主义现代化强国"的宏伟目标。这对科技创新提出了新的重大需求。当前，我国社会经济高质量发展的目标主线是"经济建设—社会建设—生态文明建设"。核心思路是以惠及民生为核心价值导向，构建经济、社会和生态文明建设三位一体支撑体系。这对我国生命健康产业的发展提出了新的挑战，即在一个更高的层面更好地统筹生物技术领域的科技发展与服务，利用民生科技促进经济社会的可持续发展。

近年来，我国生命科学和生命健康产业发展迅速，同时带动了科技进步，并与数学、物理、化学、地学、工程材料、信息科学等自然科学和工程技术交叉融合，催生了一批具有重大理论和应用前景的新兴交叉领域，如人工智能、仿生学、光遗传学、超高分辨光学显示和示踪技术、合成生物学等。生命科学的迅速发展也持续革新社会科学认知，推动医学伦理学、生命伦理学的发展，深刻影响了人类文明进步，对整体科学进步和人类社会发展将发挥至关重要的作用。

但同时，我们也必须清醒地认识到，我国生命科学和生命健康产业还有亟须面对的挑战和变革性的创新。具体表现在：我国基础研究短板依然有待加强，企业对基础研究重视程度有待提高，关键核心技术受制于人的局面尚未得到根本性改变；人才发展体制机制及创新文化氛围亟待完善，激发人才创新、创造活力的激励机制尚不健全，全社会鼓励创新、包容创新机制的环境有待优化；科技管理体制还不能完全适应建设世界科技强国的需要，科技创新政策与经济、产业政策需进一步统筹衔接，资本与学术的融合路径还有待打通。

一、支撑研究与产业的基础，对外依赖度高

目前，我国生命科学基础研究的重要因素，如科学信息 / 数据、实验动物、科学仪器设备和试剂耗材以进口为主。健康产业的核心元器件和高端医疗器械对外依赖程度也很高。

（一）生命科学基础研究"四要素"面临国际垄断风险

生命健康科技及其下游的生命健康产业的发展离不开被称为"生命科学研究四要素"的实验动物、科学仪器设备、科学信息 / 数据以及试剂耗材（简称 AEIR 四要素）。当前，以美国为代表的发达国家及其跨国公司凭借科技优势和建立在科技优势基础上的国际规则，不仅牢牢地把持着生命科学领域分工的尖端领域，而且有效地控制着发展中国家高新技术的所有

权，大量科学仪器、试剂依赖进口。实验动物面临被国外垄断的风险，科研数据有流失的风险。这些都对我国生物安全甚至国家安全构成威胁。

1. 科学信息 / 数据

科学数据是国家科技创新发展和经济社会发展的重要基础性战略资源，是信息时代传播速度最快、影响面最宽、开发利用潜力最大的科技资源。大数据时代，科技创新越来越依赖于科学数据的综合分析。当代科学技术发展呈现出明显的大科学、定量化研究特点，科技创新越来越依赖于大量、系统、高可信度的科学数据。对科学数据的综合分析，本身就是科技创新的一种方式。

随着我国科创水平的逐步提升，科学数据虽然呈现"井喷式"增长，但面对当前科技创新对科学数据管理的需求，尤其是与欧美发达国家相比，我国科学信息 / 数据的管理与应用仍然存在明显不足，是我国科技发展的明显"短板"。目前，我国的科学研究数据信息还存在"不安全、不稳定、不持续"的风险。

我国多数科技论文在国外期刊上发表，发表时必须提交相关支撑数据，导致科学数据"外流"，数据优势被发达国家掌握。这是我国科技安全迫切需要解决的问题。

以生命科学为例，尽管我国向国际数据中心贡献的基因组数据高达30%，多达数千TB的生物学数据目前存储在国外生物数据中心，但我国自建的生命科学数据中心保有量仅约1PB，而美、日、欧等国家和地区的生物数据保有量却达到200PB。自20世纪80年代起，他们相继开始建设世界级生物数据中心。其中，美国国家生物技术信息中心（National Center of Biotechnology Information，NCBI）、欧洲生物信息研究所（European Bioinformatics Institute，EBI）和日本DNA数据库（DNA Data Bank of Japan，DDBJ）三大生物数据中心掌握并管理着全世界主要的生物数据和知识资源，处于数据垄断地位。

我国科研工作主要依赖海外数据。值得注意的是，每年高达1.1PB的国际生物数据下载量中55%都来自国内。与此同时，虽然我国于2019年建立了国家生物信息中心，承担国家生物信息大数据统一汇交、集中存储、安全管理与开放共享以及前沿交叉研究和转化应用等工作，但相比地欧美起步较晚①，并缺乏持续发展的政策和条件支持。在科学信息／数据领域，我国面临的问题和挑战主要有以下 5 个方面。

（1）资源安全面临可持续发展挑战

我国具有较好的生物信息资源工作基础和巨大的开发潜力，但整体安全意识淡薄。目前，我国生物信息资源存储与利用渠道均严重依赖于国外，生物信息的所有权和掌控权受到严重制约。

在生物信息的资源产出方面，自"人类基因组计划"实施以来，我国对生物数据资源的国际贡献日益增大，数据规模已经达到 EB 级。华大基因已成为世界上最大的测序中心。在蛋白质组学方面，以中国人民解放军军事医学科学院为代表的一批研究中心和研究组参与了多个国际项目，在世界上占有举足轻重的地位。在健康信息领域，我国正在建设越来越多的大

_____

① 本数据依据专家访谈和调研所得。

型队列，现代医疗诊断、干预数字设备及移动监护设备的发展使医疗数据的产生速度呈指数增长。

在信息资源的存储和流动方面，我国整体安全意识淡薄。虽然从单个机构、部门来看，生物信息资源的保存和流动受到重视，建有不同规模的专属、专业数据库。然而，这仅用于支持单位、部门操作层的业务活动。出于个体利益的考虑，我国部分单位的内部生物信息资源甚至有"对内封锁、对外开放"的不正常现象。出现这些问题的关键原因在于我国尚未有自主的国家级生物信息中心和综合性数据平台，导致生物数据被分散保存，尚未形成系统性的信息资源库。而且，许多生物数据处于"出口转内销"的尴尬境地。科研人员把科研数据提交到国外数据库，需要数据时又不得不从国外数据库下载，生物信息资源自由地流向国外。对于这种不加辨别的生物信息缴存处理方式，特别是对于我国已出现的民族基因信息向国外流失的现象，我们必须保持高度警醒。

在信息资源的利用渠道方面，我国生命科学研究人员高度依赖于国际生物信息数据库建设机构所提供的服务。国外有些生物信息数据库虽然对学术机构免费开放，但已开始向商业性用户收取费用。例如，世界上权威的代谢通路数据库——京都基因与基因组百科全书（Kyoto Encyclopedia of Genes and Genomes，KEGG），其使用费为每年 5000 美元；人类疾病相关变异数据库——人类基因突变数据库（Human Gene Mutation Database，HGMD），其年费是 3725 美元；药物基因组突变数据库（Pharmaco Genomics Mutation Database，PGMD），其年费也达 3735 美元[①]。这些生物信息资源无偿使用或者有偿限制性使用的状况还能维持多久？这存在众多变数，前景难测。如果因为政治、经费或其他原因，这些生物信息数据库资源对我国科研人员临时或永远关闭，必将会对我国生命科学事业产生极大的影响。例如，2013 年，美国政府关门两周，导致我国生物医学从业者依赖度甚高的 NCBI 网站也随之暂停更新，这也给我国生物信息界敲响了一个警钟。

---

① 郑金武. 大数据：引导生物医学变革 [N]. 中国科学报，2014-12-09.

（2）国内信息共享管理规范规则缺失，受制于国际标准和规则

目前，我国的生物信息数据标准还远未完善，业内公认的数据共享与管理的标准规范规则制定实施相对滞后，生物信息管理和综合治理水平有待提升，以致绝大多数生物信息数据散布在各个单位或个人手里，难以流通实现其内在价值。同时，我国对生物信息资源共享的国际贡献没有得到充分的肯定，综合导致我国在国际舞台上对重要生物信息数据库的管理共享和利用规则或标准制定上缺乏发言权、话语权和主导权。

国内科技界已经意识到解决这类问题的重要性与迫切性。生物信息数据共享与管理的标准规范规则已经受到业内的广泛重视。例如，在大型生物信息机构立项建设方面，我国科技界已向国家报送国家生物信息学中心建设的建议书。同时，由国家发展和改革委员会等部门批复建设的国家基因库已经投入建设。国家基因库二期建设完成后，基因信息数据存储支持能力预计可达 500PB，将显著提升我国在生物信息国际规则制定方面的竞争力。

（3）存在生物信息滥用和隐私信息泄露风险

我国对生物信息和生物技术的谬用及恶意研究比较重视，制定了行为准则以及生物安全管理制度等。但部分科研人员以学术研究为名，借助生物信息技术，对具有重大生物安全风险的未知领域进行探索，如遗传改造和人工合成病原微生物，因此也存在一定的生物信息谬用、滥用风险。另外，患者个人隐私泄露的情况时有发生。2014 年 5 月，国家卫生和计划生育委员会印发《人口健康信息管理办法（试行）》，对涉及国家秘密的人口健康信息系统，明确要求按照国家涉密信息管理要求进行分级保护，杜绝泄密。

（4）生物信息技术发展和商业化开发水平较低，影响生物产业的安全性

目前，我国生物信息技术的发展水平与美国等科技发达国家还有一定差距。更有专家指出，我国生物信息技术与国际前沿水平相差至少 30 年。我国生物大数据技术研究以点为主，缺乏系统性的技术体系建设，难以形成完整配套的生物大数据分析、管理、利用和服务技术体系，数据分析构架、软件系统与先进的 IT

技术接轨能力偏弱，成为制约我国生物大数据资源利用水平提升的主要因素之一。同时，虽然我国也有一批生物信息技术专业研究队伍达到或接近国际先进水平，如中国人民解放军军事医学科学院、上海生物信息技术研究中心、哈尔滨工业大学生物信息技术研究中心等，但相比于发达国家，依然整体偏弱。上述因素使我国在生物信息核心技术及系统的发展上面临瓶颈，并长期处于较低的研发水平，直接影响生物产业的安全性。

（5）缺乏国家数据法，政府数据难以共享

由于尚无国家数据法，政府的公共资源数据难以共享，部门间形成了隔阂。这是开展官方战略咨询研究的任何课题组普遍遇到的问题，导致不同来源的战略报告的数据不一致，影响决策过程，也是一个亟须面对和解决的问题。

2. 实验动物

实验动物指经人工培育或人工改造，遗传背景明确、来源清楚，且携带的微生物可控，用于科学研究、药品及生物制品的生产和检定以及其他研究、教学活动的动物。它们是生命科学、医学、疾病防控、生物安全、食品与环境安全研究中的"人类替难者"；是人类健康与安全的"活屏障"，支撑了超过85%的诺贝尔生理学或医学奖成果；是现代医学科技体系建立的基础；也是未来中医药现代化的关键。

实验动物和动物模型是生命科学和医学创新、药物原创、医药经济发展、国家安全和人民健康的基础科技条件，是解决四大慢病、重大传染病、突发传染病与生物安全防控等健康问题的第一驱动力。近年来，我国实验动物资源丰富度越来越充裕，获得了海量的动物模型开发数据，首创了比较医学理论技术体系。在比较医学的指导下，我国创建了用于研究人类疾病的多物种动物模型体系，建立了国家人类疾病动物模型资源库，支撑了我国医学和药学研究的发展。不过，我国对实验动物资源科学数据的收集、整理、整合、集成、优化和共享的需求仍十分迫切。因此，2010年，科技部批准依托广东省实验动物监测所成立了国家实验动物数据资源中心，并确立了国家实验动物数据资源库的建设和运行以及中国实验动物信息网的建设与运行管理是其主要工作任务之一。

目前，国家遗传工程小鼠资源数据库活体及冷冻保存的各类人源化啮齿类动物模型、代谢研究模型、免疫缺陷鼠模型、工具鼠模型等资源品系超过4000个，数据服务范围覆盖了我国28个省（区、市）约400家院校研究所、200余家医院以及近百家制药和生物技术企业。中国科学院实验动物资源平台数据库也实现了中国科学院实验动物数据资源的共建互通与社会共享。该数据库承担着收集、维护、整理中国科学院实验动物品系数据信息的任务。截至2019年10月，该数据库实验动物品系数量已超过2200个，包含大鼠、小鼠、斑马鱼、猪、非人灵长类、果蝇等共计9类实验动物品种[1]。我国各类实验动物数据资源中心的建设为国家科技创新提供了坚实的科技资源保障条件，为政府相关决策提供了不可或缺的数据支撑。截至2020年年底，科技部认定的国家遗传工程小鼠资源

---

① 赵心刚，卢凡，程苹，等. 我国实验动物资源建设的问题与展望 [J]. 中国科学院院刊，2019，34（12）：1371–1378.

库共建单位江苏集萃药康生物科技股份有限公司，已经制成了超过 1.6 万种具有自主知识产权的商品化小鼠模型，几乎能够覆盖所有的研究场景。

但是，目前我国实验动物资源建设依旧面临着严峻的挑战。以美国为首的发达国家将动物模型列为战略优先发展领域。通过长达 50 年的稳定资助，他们拥有全球 95% 以上的动物模型原创技术和资源。包括查士利华实验室（Charles River Laboratories，CRL）在内的六大企业的实验动物占据全球近 80% 的市场份额，并利用其垄断地位挤压其他企业或机构的战略发展空间。例如，南京大学在日本盐野义制药株式会社基础上自主构建的实验动物品系被我国多家机构用于免疫研究，却被美国杰克逊实验室起诉侵权。查士利华等公司在垄断全球市场的同时，也大举进军中国市场。

与此同时，实验动物供给与保障问题已成为我国实验动物安全面临的现实威胁。出于对知识产权、科技竞争及市场垄断的考虑，欧美国家已经禁止向我国出口实验动物种源及特定用途的实验动物产品。我国随时可能发生自有实验动物种质资源安全、国际种质资源全面垄断风险以及实验动物安全供给的危机。

（1）自有实验动物种质资源存在的安全隐患

自有实验动物种质资源存在的安全隐患主要体现在两个方面：一方面，我国缺乏自有实验动物物种资源，收集保藏力度欠缺。动物种质资源蕴藏着各种潜在的可利用基因，是国家的宝贵财富，是人类繁衍生存和发展的物质基础。目前，我国常用的实验动物物种和品种资源95%以上来自国外。我国自主的种质资源仅有昆明小鼠、东方田鼠、五指山小型猪、巴马小型猪等，且缺乏安全的种质资源保存和供应体系，仅有两家啮齿类实验动物生产企业有独立的种质体系，其中1家为美国控股。因此，国家应将动物种质资源收集作为战略资源加以保藏，尤其是中国特有的、具备实验动物潜质的动物种质资源，以备后代加以利用。若不善加保藏，极有可能将重蹈当年美国公司窃取原产于中国的野生大豆资源成为其专利产品后回到中国抢占市场的覆辙。另一方面，实验动物是开展生命科学研究的"活试剂"，是检测药品、食品的"活天平"。既然是"试剂"和"天平"，动物实验的结果就必须保持一致和稳定。只有这样，才能保证科学结果的可靠性。既然实验动物是活的生命体，那么它必然会受到遗传、环境、技术操作和饮食等一系列外在因素的影响，从而影响其生理和行为表现。一个小小的误差就会导致动物实验结果的偏离，往往会造成蝴蝶效应，导致最终生命科学研究的重大偏离。在相关操作技术方面，如实验动物的转基因技术、锌指核酸酶（zinc finger nucleases，ZFN）、类转录激活因子效应物核酸酶（transcription activatorlike effect nuclease，TALEN）、CRISPR、克隆、人源化等技术，均为发达国家首创，而我国只能跟踪学习和拓展应用。

（2）国际实验动物资源全面垄断风险方面存在的危机

我国实验动物学研究起步晚。截至2021年，科技部在常规实验动物资源方面设立了啮齿类动物、非人灵长类动物、禽类实验动物和遗传工程动物等6个国家实验动物资源库，在医学和药学研究方面设立了1个国家人类疾病动物模型资源库和1个国家动物模型资源信息共享服务平台，总实验动物物种资源约30

种，遗传工程动物品种品系约 2 万种，人类疾病动物模型资源约 2000 种。

以查士利华实验室为代表的 6 家美国实验动物生产供应企业占据着全世界 80% 的市场份额。与此同时，国外企业正大举进军中国市场，如查士利华等公司。该公司于 2009 年收购动物实验医药研发外包企业无锡药明康德新药开发股份有限公司，在 2013 年收购北京维通利华实验动物技术公司部分股权后不断增加持股比例。其在国内啮齿类实验动物行业的市场占有率接近 30%。2017 年以后，其在浙江平湖和桐乡、上海、成都等地纷纷投入新的实验动物设施。2019 年，其在全国实验动物市场的占有率已超过 50%。若形成垄断局面，未来国内利用实验动物开展的相关科学研究，其实验动物用量、研究方向等底层科研信息也可能因类似"苹果手机后门"等技术存在泄露风险，将严重威胁我国生命与健康领域的科技安全、经济产业安全、人民健康和国家安全。实验动物进口常因受到双边动物检验检疫标准、科技封锁、贸易纠纷、国际形势等因素影响无法实现。

此外，我国实验动物和动物实验研究常用的试剂盒仪器设备也依赖进口。其中，发达国家的动物实验试剂占国内市场份额的 95% 以上，实验动物和动物实验设备占国内市场份额的 80% 以上。

（3）实验动物供给与保障问题导致成本上涨

我国实验动物物种主要需求是啮齿类、灵长类品系、传染病敏感实验动物品系和各类疾病模型动物品系。其中，大、小鼠年用量为 1200 万～1500 万只。按国产小鼠平均 50 元/只计算，1200 万～1500 万只的实验动物有 6 亿～7.5 亿元的销售额。如果这些实验动物的供给被外企控制或严重依赖进口将导致价格十倍、百倍乃至千倍的增长。这些动物将会是几十亿、几百亿乃至几千亿的销售额，进而导致科研成本居高不下。据公开资料显示，2014 年，食蟹猴平均单价为 6567 元/只；2021 年，已上涨至约 7 万元/只，上涨超过 10 倍。新药临床前评价成本的大幅度提高也导致诸多高水平基础研究望而却步。

更为严峻的是，以美国为代表的西方发达国家对我国施行技术封锁和遏制，力图压制我国的科学技术尤其是高新科技的发展，将来可能会出现"有钱也买不到"的情形，成为国外限制我国生命科学和生物医药领域创新发展的重要手段之一。由此可见，实验动物供给与保障问题将成为我国科研整体环境安全甚至生物安全的直接现实威胁。

（4）实验动物行业平台投资回报偏低，投资积极性受挫

实验动物平台的建设及运营所需的经费投入巨大。建设符合国家标准的实验室、动物房以及购置专有设备，保证实验动物的繁育环境能达到恒温恒湿、无特定病原体（Specific Pathogen Free，SPF）清洁级别等的要求，需要投入大量的资金，而投资所带来的直接经济效益不够显著，投资回报率低。其中的一个原因是，在国内具有同样品质动物的情况下，大多学术机构依旧优先购买国外的动物。这些因素影响了动物实验行业的创新发展，也难以吸引资本的参与。

3. 科学仪器设备

生命科学仪器是指生物技术与生命科学领域研发

过程中需要使用的仪器装备的总称。生命科学仪器种类繁多，主要包括分子生物学仪器、细胞生物学仪器、微生物检测仪器、动物生理和病理仪器、植物生理生态仪器、临床检测仪器、生命科学通用仪器等。在药物研发阶段所用的仪器大部分属于生命科学通用仪器，如质谱、色谱、电镜和实验室通用设备等。以质谱为例，由于其高灵敏度等特点受到制药行业研发人员的青睐，通常被用于测定抗体药物偶联物来分析大分子物质。除高端质谱仪器外，在药物研究中对酶联免疫吸附（Enzyme Linked Immunosorbent Assay，ELASA）试剂盒、自动化前处理装备以及如微阵列测定基因表达、基因测序等生命科学仪器的需求量也很大。

制药装备是指用于药品生产、检测、包装等工艺用途的机械装备，按照用途不同主要分为原料药装备及机械、制剂机械、药用粉碎机械、饮片机械、制药用水装备、药品包装机械、药物检测装备及其他机械与设备（表3-1）。

表 3-1　制药装备的主要分类

装备名称	主要产品
原料药装备及机械	干混输送一体机、真空带式干燥机、过滤器、双运动医药混合机等
制剂机械	高速液体灌装线、高效智能包衣机、离心式制粒包衣机、湿法制粒机等
药用粉碎机械	超微粉碎机、组合式粉碎机、超微粉碎机、万能粉碎机、中药超微粉碎机等
饮片机械	炒药机、润药机、切药机、压扁机等
制药用水装备	水处理装备、纯蒸汽发生器、电渗析装备、蒸馏水机
药品包装机械	泡罩包装机、小袋包装机、装盒机、贴标机、吹瓶机、制瓶机、印字机等
药物检测装备	脆碎度仪、溶出实验仪、崩解仪、测定仪、微生物限度检查设备等
其他制药机械及装备（制药辅助装备）	空气净化装备、送料传输装置、提升加料装备等

注：资料来源于中国制药装备行业协会。

科技研发越来越依赖于精密的科学仪器设备，因为其是科学发展和技术创新的重要支撑条件。然而，当前我国的高端仪器、设备却严重依赖进口。以生物制品研发为例，培养基、抗原制备所需的科学设备高度依赖进口，尤其是精细化工、精密机械等技术密集型工业，产业升级换代的任务很重。为了满足生命科学研究与医学方面的需求，跨国公司不仅提供从取样、样品前处理到检测分析等一系列仪器、设备和配套试剂，还提供一些外部采购解决方案、实验室设计与启动等服务。这些均构成了跨国公司的核心竞争力。与之相比，我国主营业务超 10 亿元的仪器企业不足 10 家。

我国每年用于购买国外科学仪器设备的投入在 400 亿元以上。生命科学领域从实验室研究、动物实验到药物生产，90% 以上的核心设备都被进口品牌垄断。2018 年，我国有近 30 种关键部件高度依赖进口，涉及上百类科学仪器。例如，大容量冷冻高速离心机、超速离心机、质谱仪、高通量自动化设备、单细胞分离自动化机器、激光器等 100% 依赖进口[①]。其中也有部分国内研发或组装仪器的关键材料也 100% 依赖进口。我国生命科学仪器设备行业出现的需求与发展、

---

① 本数据依据专家访谈和调研所得。

创新与引进不相适应困境的主要原因如下。

（1）我国生命科学仪器行业的企业规模小、竞争力较弱

全球生命科学仪器行业国际格局依然呈现以欧美日等国家和地区的企业为主导的寡头垄断局面。据 2019 年 3 月《化学和工程师新闻》（*Chemical and Engineering News，C & EN*）杂志公布的数据显示，2018 年全球分析和生命科学仪器制造商 20 强的名单中，有 8 家美国企业、7 家欧洲企业和 5 家日本企业，尚未有一家中国企业入选。排名前五的大仪器制造商的销售额占 2018 年 20 强的一半以上，仅赛默飞世尔一家就占 23%。排名前 10 位的公司占销售额的 78%。2018 年，在世界 20 强中，排名前 10 位的公司的合并销售额增长了 5.8%，排名后 10 位的公司的销售额增长了 7.5%（表 3-2）。

全球生命科学仪器的巨头企业大部分来自美国。科研投入总额最高的是丹纳赫，其次是赛默飞世尔科技。生命科学仪器的持续发展主要由技术创新和资本投入推动。在国际生命科学仪器的市场上，大型企业

凭借其雄厚的资本实力和强大的研发力量提高生产力、更新生产工艺和流程、创造创新产品和服务、提高国际市场竞争力和占有率。我国生命科学仪器企业总体上小而散，普遍缺乏自主开发新产品的能力，也面临较大的资金压力。

表 3-2　2017 年和 2018 年全球生命科学仪器制造商 20 强

排名		企业	装备销售额（亿美元）	增速（%）	国家
2018	2017				
1	1	赛默飞世尔	63.30	12.1	美国
2	3	岛津	21.80	5.2	日本
3	4	罗氏	20.60	5.2	瑞士
4	5	安捷伦	20.20	3.8	美国
5	2	伯纳赫	19.40	-15.0	美国
6	6	蔡司	18.30	0.7	德国
7	8	布鲁克	15.20	14.4	美国
8	7	梅特勒-托利多	15.00	9.8	瑞士
9	9	沃特世	12.10	2.1	美国
10	12	铂金埃尔默	8.89	27.0	美国
11	11	伯乐实验室	8.71	14.0	美国
12	10	艾本德	8.57	5.1	德国

排名		企业	装备销售额（亿美元）	增速（%）	国家
2018	2017				
13	14	思百吉	7.23	16.4	英国
14	13	日本电子	6.48	−1.1	日本
15	15	日立高新技术	6.13	1.3	日本
16	17	尼康	5.71	10.5	日本
17	16	依诺米那	5.69	10.5	美国
18	18	赛多利斯	5.00	7.4	德国
19	19	奥林巴斯	3.57	3.1	日本
20	20	帝肯（Tecan）	3.41	6.4	瑞士

（2）缺乏"一个屋檐下，汇聚众多学科"的大型研发基地

国产生命科学仪器具有价格低、售后用户服务方便、零配件供应快速等优点。其在低端领域已基本实现国产化，但其中高端领域的产品却细节比较粗糙、系统不够稳定、使用寿命较短、产品配备的核心缺乏、产品耐久性较弱、同质化问题突出等。内资企业的市场占有量依旧较弱。

科学仪器特别是高端仪器设备的研发需要多学科的有机融合和清晰的需求目标战略。我国在航天领域的竞争力之所以能够保持高度持续增长，主要是因为我国已建立了非常完整的包括载人航天生理在内的多学科集聚的大型基地。围绕终极目标，各学科人才和技术能够提供高效的支持。为了冲破芯片领域的国际技术围堵，我国迅速搭建起了类似的多学科汇聚的研发转化平台，产生了显著效果。

与前几个领域的特征所不同的是，生命科学领域的仪器设备特别是医疗仪器，不但要求具有极高的精度，而且要求面对复杂的生物反应、相容性和个体的差异化，必须要将生命过程的机制和理念融入设计。在中国，真正意义上的理工、材料、生命科学与医学紧密融合的大型研发转化基地是空缺的，导致经常发生工程设计极为先进的医疗仪器在临床实际应用中难以达到设计的目标。由于缺乏这样的基地和机制，我国的实验仪器和医疗器械的原创成果少，导致国内初创企业在起步之初或多或少照搬成熟企业做法，运行过程中缺乏对研发的投入，创新性不足，阻碍企业整体技术水平的提升。

（3）尚未形成国内优质品牌

生命健康产业高投入、高风险、周期长的特点使行业内企业的融资变得相对困难。对于需要经历"死亡谷（Death Valley）"阶段的初创企业而言更是如此。头部风险投资／私募股权投资机构的进入，为生命健康产业中有技术、有理念的初创企业提供了成长期投资，改善了企业的股权文化。但同时，具备一定实力的仪器设备制造企业却被大型外企收购，难以形成国内优势品牌的集团优势。

4. 试剂耗材

生物科研试剂耗材尤其是高端生物试剂耗材，是重要的国家战略资源，也是形成生物医药产业技术壁垒的重要部分，影响着整个生命科学研究和生物医药行业的发展与创新。目前，高等院校和科研院所的科研用试剂耗材超过90%依赖进口，国产占比低且集中在中低端产品。大量依赖进口科研试剂耗材，抑制了我国科研院所和药物研发企业的经费使用效益和创新产出。举例来说，科研活动中常用的一支小小的抗体，100 微克（10^{-4} 克）需要接近 3000 元，价钱相当于同量黄金的 10 万倍。实验室研发所用的制备级柱层析／膜层析的填料、微球、无细胞百白破、光学部件光电倍增管极度依赖进口，且主要依赖欧美地区和日本。目前，国内仅纳微科技、赛分科技等少数公司有能力制造填料。蛋白生物学研究所用的硝酸纤维素（nitrocellulose，NC）膜 80%～90% 依赖德国进口[①]。细胞生物学研究的胎牛血清，以澳大利亚和美国企业生产为主。细胞治疗所需的基础培养基、无血清培养基原材料（氨基酸、维生素）等也以进口为主，成本高昂、订购周期长。高端科研用试剂领域难觅国产试剂踪影，成为制约国产试剂发展的最大"瓶颈"之一。高附加值的耗材主要集中在分子生物学类耗材、细胞培养类耗材和机器配套耗材，如无热源／无酶的滤芯吸头、聚合酶链反应（Polymerase Chain Reaction，PCR）八连管、PCR 专用板等。此类进口耗材价格基

---

① 本数据依据专家访谈和调研所得。

本是国产的 3 倍以上，专机专用的耗材更是由于其垄断性价格高出 50% 以上。

耗材原料主要是塑料，是具有一定生物相容性的高分子聚合物，包括高透光塑料材料、普通常用塑料、工程塑料等。相较于发达国家，我国耗材原料存在门类不全、质量标准不规范、产品质量稳定性差、可靠性差等问题。一些特别高要求的产品原料还要依赖进口，主要供应商有美国杜邦、德国拜耳和巴斯夫、荷兰利安德巴塞尔、沙特沙比克、韩国乐金电子（LG）集团、日本东丽等。因此，高值原料依赖进口在一定程度上也加剧了试剂耗材依赖进口。

此外，实验试剂耗材品种门类极其繁复、服务面广，几乎涉及全部经济和科技领域。国产厂商由于核心工艺缺失，一些国产科研用试剂耗材缺乏完备的质量控制和质量保证体系，以致国产产品质量良莠不齐。这就会直接导致科研结果的可靠性，常常得不到很好的保证，导致产品质量得不到市场的认可。这也反映出目前生物试剂行业的市场管理还有待进一步加强。加强生物试剂耗材的标准化和质量监督工作，建立起一套统一的检测体系和鉴定标准，促使我国生物试剂的标准体系更加完善，有利于我国实验试剂耗材早日摆脱对进口的依赖。

（二）生命健康产业面临断供风险

2008年国际金融危机之后，世界各国为了寻找促进经济增长的新出路，开始重新重视制造业，都在积极发展生命健康产业。2012年5月，美国制定了《国家生物经济》蓝图，将生物技术作为推动科技创新和经济发展的主要驱动力量之一，提出了政府在相关领域的5大战略性任务。2012年，欧盟发布《为可持续增长的创新：欧洲生物经济》战略，旨在促进欧盟生物经济的发展。此外，亚洲国家如印度、韩国、日本等也不甘落后，纷纷出台了以生命健康产业为核心的强国战略。例如，印度2007年颁布《国家生物技术发展战略》，提出了未来10年印度生物技术及产业发展的国家目标和政策措施。值得注意的是，美国的"再工业化"风潮、德国的"工业4.0"和"互联工厂"战略以及日韩等国制造业转型都不是简单的传统制造业回归，而是伴随着生产效率的提升、生产模式的创新以及新兴产业的发展。

生命健康产业处于医药产业价值链的高端，是世界各国的战略必争之地，也是西方发达国家围堵我国高端产业的关键领域之一。2018年11月，美国出台"史上最严格技术出口管制方案"，与医药关键技术装备相关的生物技术、人工智能、脑机接口等诸多领域位列其中，击中了我国"原创不足"的软肋。我国生命健康产业与发达国家存在巨大差距，更加深入的产业化进程面临断供风险。此外，国际巨头通过合资、并购、知识产权等手段，限制我国生命健康产业做大、做强。例如，在实验动物领域，以美国的查士利华实验室等六大企业为代表的欧美巨头占据全球近80%的实验动物市场份额，并以其垄断地位挤压其他企业或机构的战略发展空间。其中，仅查士利华实验室就占据了我国市场份额的一半以上，且将进一步压缩国内企业的市场份额。

2020年，受新冠肺炎疫情的影响，全球经济发展遭受重创，而全球科技领域的创新活动却在严峻的市场环境中蓬勃发展。大数据、人工智能、无人自主技术、生命科学等科技应用在各国的抗击新冠肺炎疫情工作中，助力疫情防控工作，同时也迫使科技领域迸发出巨大升级需求，促使科技成为各国从疫情的阴霾中走出来的重要抓手。在此背景下，世界主要经济体继续强化国家科技战略部署，全球科技竞赛也在疫情的推动下持续加速。

（三）高端医疗器械严重依赖进口

从纵向发展历程来看，国产医疗器械整体进步较快。中低端医疗器械基本已经实现国产化，甚至还能够做到批量出口。例如，基础外科手术器械、骨科内外固定器械都已经达到了较高的国产化程度。在医疗器械领域，中国已经不算弱国，但是距离强国尚有差距。这个差距主要体现在高端医疗仪器设备的国产化程度较低。在我国医疗器械市场构成中，占比较大的是低值耗材等中低端产品，例如，注射器、导管、人工呼吸器、药棉、纱布绷带等占32%，高端医疗仪器设备仍然大量依赖进口。例如，80%的计算机断层扫描（Computed Tomography，CT）市场、90% 的超声波仪器市场、90% 的磁共振设备均被国外品牌占据。

从市场总体看，我国已经成为世界第二大医疗器械市场。市场规模从 2006 年的 434 亿元增长至 2018 年的超过 5000 亿元，年均复合增长率约为 23.5%。但我国 80% 的高端医疗设备市场份额被欧美地区的跨国公司垄断，在一些尖端领域甚至 100% 受制于跨国公司。高端产品多被美国通用电气、德国西门子和荷兰飞利浦等外资公司占据。例如，在 CT 领域，上述三家企业市场所占份额超过 80%、核磁设备超过 85%、血管造影机数字减影血管造影（Digital Subtraction Angiography，DSA）超过 90%、超声影像超过 70%、核医学超过 94%[①]。国内企业的规模尚无法抗衡国外企业。2018 年全球医疗器械公司前 20 强中，美国 17 家、德国 2 家、日本 1 家，没有 1 家中国公司。

从全球医疗器械市场构成看，体外诊断类、心血管设备植入类、医学影像类、骨科类、眼科类等高端

---

① 本数据依据专家访谈和调研所得。

产品占 50.1%。这种局面导致美国等国家一旦进行源头控制，我国医疗领域将面临巨大风险。与欧美医疗器械行业的成熟格局相比，中国的差距主要体现在 3 个方面。

1. 拥有原创性技术和研发体系的小型企业数量少

在高端医疗器械领域，我国迄今鲜有源自"双一流大学"的技术输出。这使中国"野生"小型企业生存不易，能做出一两个原创性产品已属不易。具备研发体系的企业更是凤毛麟角。多数小型企业为了维持生存，目前处于仿制国外高端器械的状态，项目开发走"短平快"的路线，后劲明显不足。

2. 具有规模优势的大型企业龙头效应尚未显现

在医疗器械领域从小做到大的中国企业中，深圳迈瑞、上海微创、江苏鱼跃可算前三强。深圳迈瑞、江苏鱼跃在商业模式上向美敦力、雅培等行业巨头积极学习，近年的并购交易非常活跃，产品线也在不断扩充，但努力的空间还很大。例如，2021 年 11 月 25 日，迈瑞医疗的总市值为 4388.65 亿元；而当日雅培的市值为 2211.60 亿美元，差距明显[①]。

3. 关键基础材料进口依赖度高

关键的生物材料包括316L 不锈钢管、钴基合金管、镍钛记忆合金管、316L 不锈钢导丝、镍钛记忆合金导丝、各类医用高分子管材、血管栓塞材料药物载体高分子、可植入人体的高分子膜、精密激光加工设备、球囊成型和变形设备、管连接设备、支架检验与导管测试设备等绝大部分需从国外进口。甚至备受关注的封装疫苗、抗体等制剂的西林瓶的玻璃管柱，我国也100% 依赖进口。由于目前我国尚未全面掌握介入器械及关键生物材料产业化技术，整体水平与美国等发达国家尚有很大差距。

---

① 依据万得资讯（Wind）数据库所得。

二、存在政策自限现象

调研组在走访多家园区、企业和机构期间，发现很多问题。有些问题，我们不是不能解决，而是存在由政策自限导致的"自己卡自己脖子"现象。

（一）"政策打架"与"政策错认"现象

在生命健康产业"政策打架"和"政策错认"的表现多种多样，主要有以下 4 个方面。

1. 左右各异

以进口药在国内流通使用为例，按照监管要求，进口药未经药监审批不得在国内使用，但外国人从国外带入境的药未受监管。

2. 新旧不一

本来新的法令政策已经出台，但对旧的政策规定清理不及时，导致政策落实出现延迟，出现了"穿新鞋走老路"。

3. 身份错认

以生物医药本土企业在中国香港或者海外上市为例,《中华人民共和国人类遗传资源管理条例》和《中华人民共和国生物安全法》将此类企业视为外资。该类企业在境内开展科研活动有一定障碍，但是此类企业的核心知识产权及研发均在国内，实际控股人和创始人也均为中国国籍。就此类情况，应考虑该类企业的实际"内核"，而非"一竿子打死"。

再以高值耗材带量采购为例，耗材种类繁多、规格多样、型号复杂，目前尚未形成国家统一的编码标准，监管体系也十分复杂，部分产品由省级部门审批，导致耗材规格多样，缺乏统一的命名规则，存在一定程度的"同名异物、同物异名"现象。这也是"身份错认"问题的代表之一。

4. 外籍华人分歧

近年来，随着国力强盛，社会进步，吸引了一大批拔尖外籍华人回国参与生命科学的研究与转化。他们就遇到"外籍华人身份分歧"。例如，《中华人民共和国人类遗传资源管理条例》规定，外籍人员不得参与人类资源相关的研究和转化。其实，不能碰临床样本基本上就不能开展人体相关的研究与产品开发。这限制了他们的发展。如果条例规定，这类人才可以开展相关研究，但需要接受更为严格的监督（如需要对每列样本进行溯源管理），有可能解决这个问题。这类规则的制定和管理需要严宽相济，希望有关的政策尽快出台落地，在保证国家和人民安全的前提下，激发出这些人才的创新活力。

"政策打架、错认"对产业发展的危害很大。举例来说，在本课题组调研的一个园区里，看到一家创新企业实现了一个关键的生物制药耗材的突破，各项指标和性价比远优于国际同类产品，推广后对降低相关企业成本，预防断供具有重大作用。然而，在设计量产时，企业却遇到了难以理解的"障碍"：因为该产品制造工艺中涉及化学偶联，所以有关部门就将其认定为"化工企业"，纳入严格限制排放企业的负面清单中。基于此，要解决生命健康产业"政策打架""政策错认""身份错认"等问题，制度创新应更加着眼于实际情况，紧跟产业发展步伐，避免制度落后于市场的情况出现。

（二）科技评价机制亟待完善

改革开放后，我国已形成了以统一、量化为特征的科技评价机制。其中，以 SCI 论文数量和影响因子数值、专利数量、科研项目数量等作为主要指标，而非以任务完成度为导向的科技评价体系已被国内广泛采用，作为对于科研人员和机构院校评价和考核的标准。具体的考核指标和结果直接影响或决定着机构排名、科研人员的职称晋升和工资待遇，甚至研究生毕业等。在一些单位，科技评价和考核的周期短则 1 年、长则 3 年。科技评价的周期较短、较为频繁，变相地鼓励"短平快"式的研究。科学研究片面追求速度，进而影响了科研成果的质量，造成低水平重复，不利于原始创新。这些情况使目前的科技评价体系存在的问题也日益显露，具体表现为"十重、十轻"现象：重基础轻应用、重理论轻技术、重数量轻质量、重个人轻团队、重形式轻内容、重成果轻推广、重单一指标轻分类评价、重影响因子轻科学内涵、重"跟风"轻探索、重短期轻长远。

另外，如果采用的都是激励性评价，以排名为最终结果。这种评价机制就可能导致机构性学术腐败，产生极其严重的后果。例如，持续开展的"三甲"医院评审，使大医院越做越好，人才虹吸效应巨大，导致医疗资源的均等性差距越拉越大；本科生评优过程中存在的"凑数、涂改"行为混淆了青年学生的道德观。国家重点实验的横向对比评估和排名，导致论文、"帽子"和获奖数成了比较、排名的主要依据，淡化了实验室的国家任务和目标。

行政化和机械的科技评价体系已妨碍了高校及科研院所很好地完成其所承担的人才培养、科学研究、社会服务三项职能，缺乏鼓励科研人员瞄准重大前沿科学问题和国家战略性科技难题的前瞻性和指导性，影响高校及科研院所科技工作的持续健康发展，不能适应全面提高科研工作质量和创新驱动发展的时代要求，甚至已成为学术不端的根源之一。

（三）监管科学体系滞后于快速发展形势

近年来，在药品良好生产规范（Good Manufacturing Practice，GMP）科学监管方面，我国实施了一系列卓有成效的创新举措。例如，2017 年 10 月 8 日，中共中央办公厅、国务院办公厅印发了《关于深化审评审批制度改革鼓励药品医疗器械创新的意见》，对创新产品的审评、审批给予了大量的优惠政策。但是随着生物技术的迅猛发展和新型产品的不断涌现，对监管体系也不断形成新的挑战。在监管方式上，我国仍需不断创新和改进。特别是面对新兴技术，更需要监管策略和制度的迅速响应和调整。

过去 10 年，国家出台多项政策强化药监部门对监管科学的研究，加速了我国细胞制剂生物治疗审评的速度。2021 年 6 月，国内首个 CAR-T 细胞产品上市，让细胞治疗领域看到了希望。然而，评审制度的开放并不一定就能带动产业的良性发展。由于制度调控机制的缺失，在开放受理生物技术药品审批的同时，又出现了"赛道拥堵"的情况。截至 2021 年 9 月，全球处于临床阶段的 CAR-T 治疗药物共 394 件。其中，在中国地区开展临床试验的药物高达199件[①]，而临床试验靶点多集中在少数已经验证过的膜蛋白如 CD19 和 B 细胞成熟抗原（B-cell maturation antigen，BCMA）上。同一靶点往往有几十个靶点相同、CAR-T 结构设计相同、作用原理和机制相同的临床试验同时在进行。截至 2021 年 5 月，国内已有 8 款 PD-1/PD-L1 单抗上市。据分析，处于临床阶段的 PD-1/PD-L1 产品差异化不明显，靶点大多相同。

世界卫生组织发布的《监管质量管理规范》提出科学的监管体系应具有合法性、公平性、一致性、均衡性、灵活性、有效性、高效性、清晰性和透明性。根据《药品检查质量管理体系工作实施方案》，全国只有约一半的检查机构参照国际标准组织（International Standard Organization，ISO）标准建立了质量管理体系。其余检查机构仅有一般行政机构的工作制度，未能形成包括人员、资源和信息在内的全过程管理体系，难以满足药品检查的专业性要求。

---

① 数据来源于科特利斯（Cortellis）数据库。

基于干细胞临床研究的国际伦理规范，我国对干细胞领域的伦理监管工作主要由国家干细胞临床研究伦理专家委员会负责，主要负责伦理问题研究、提出政策意见、备案项目审评、机构伦理委员会工作检查等；省级干细胞临床研究专家委员会主要负责行政区域内伦理问题研究、规范行政区域内伦理审查规范化、行政区域内机构伦理委员会工作检查等。机构伦理委员会（不少于7人）主要负责对干细胞临床研究项目进行独立伦理审查，确保干细胞临床研究符合伦理规范。机构伦理委员会主要按照《涉及人的生物医学研究伦理审查办法》的伦理原则和基本标准，对项目开展独立伦理审查。这在某种程度上促进了我国细胞制剂临床研究转化的良性发展，但也引发了很多误区。很多研究者误把伦理等同于药政，轻视产品的质量和安全风险控制，导致研究转化的潜在风险巨大。

（四）过度依从国外标准，缺失国际话语权

在生物医药产业，药品和医疗器械的标准是产品

研制、生产、经营、使用以及监督管理所共同遵循的技术规范，是生物医药监管和产业发展的重要技术支撑。

1. 以医疗器械标准制定为例

近年来，我国高度重视医疗器械标准工作。2017年4月，国家食品药品监督管理总局修订印发《医疗器械标准管理办法》，后印发《医疗器械标准制修订工作管理规范》和《医疗器械标准管理办法》等文件，进一步规范了医疗器械标准工作程序，强化了标准精细化过程管理；同时深度参与国际医疗器械监管机构论坛（International Medical Device Regulators Forum，IMDRF）标准工作组的相关活动。2018年，在IMDRF第13次管理委员会会议上，我国提出的"更新IMDRF成员认可国际标准清单"新工作项目获得一致赞成通过，实现了我国从参与到主导医疗器械国际标准认可规则制定的历史性突破。我国还首次主导制定了高性能医疗器械国际标准。在2017年国际标准化组织外科植入物标准化委员会年会上，"心血管植入物心脏封堵器"国际标准提案获得立项通过，是我国首个医疗器械行业标准转化为 ISO 国际标准。虽然近年我国积极参与医疗器械国际标准的制定，但是医疗器械分类多，标准类别也多。我国标准建立起步晚、经验少、主导形成的具有国际影响力的标准数量还有限。标准的制定准则更多地依赖国际市场，缺少国际话语权。

2. 以干细胞库质量体系认证标准为例

全世界对干细胞库质量体系认证的机构中，美国血库协会（American Association of Blood Banks，AABB）和美国脐带血库（Cord Blood Registry，CBR）均是来自美国的行业协会。我国没有形成统一的标准，行业发展体系不完善，导致在规划和政策中偏重公共库发展，自体库发展受到一定限制。此外，目前对于国内商业化、家庭化自体储存细胞库尚无相应监管，国内专业协会或行业第三方组织对细胞库监督和认证尚未成熟，只能参考国际标准。

3. 以生物伦理标准为例

除了技术、产业标准，我国在生物伦理，特别是干细胞的话语权上也处于被动局面。"克隆羊"的出现引发了全球对生物伦理的关注，也促进了我国生物伦理体系的建立。虽然对干细胞等细胞制剂临床应用的需求进一步完善了我国生命科学研究应用的伦理规范，但在国际伦理标准制定和话语权上，我国几乎处于完全被动的局面，也成为某些人阻碍我国在该领域超前发展的"把柄"。中山大学黄军就副教授的人类胚胎基因修饰研究（2015年）和中外合作研究的人猴嵌合胚胎研究（2021年），一边遭到国外伦理的质疑，一边又看到国外相关领域的快速发展和策略调整。相反，2021年5月26日，国际干细胞研究学会发布更新的《干细胞研究与临床转化指南》，建议可放宽"人类胚胎体外培养不超过14天"的规则，但未规定超过14天后的最大时限，建议对培养超过14天人类胚胎的研究进行逐案考虑，并接受几个阶段的审查，以确定必须停止实验的时间点。① 从历史上看，西方的生物伦理其实是在宗教限制和科学发展的博弈中不断"进步"的，从而导致早期同样受到谴责的试管婴儿技术最终获得了诺贝尔奖。

我国是个典型的无神论国家，在干细胞、生殖发育领域不应该受到西方宗教思想的限制，更不应该对国外的"指责"做出过度反应。

三、创新人才环境及人才结构尚需调整

人才是生命科学与健康产业长久持续发展的重要推动者。近年来，越来越多的海外归国人才投入我国生命科学与健康产业发展的事业中，极大地推动了科学研究和产业的发展。但目前我国创新人才环境、人才结构还存在一些问题，尚需调整。

---

① Lovell-Badge R, Anthony E, Barker R A, et al. ISSCR guidelines for stem cell research and clinical translation: the 2021 update [J]. Stem Cell Reports, 2021, 16 (6): 1398-1408.

（一）创新人才培养的社会氛围远未形成

中国的教育传承了很多中华民族数千年形成的优良文化和方法，如尊师重道、不耻下问等。受师道尊严等传统思想的束缚、从幼儿园开始的应试教育模式以及高考独木桥的人才培养路径大大限制了创新文化的植入。重纠错，不重批判；重成绩，不重标新立异，耗费了大量资源，也难以使青少年能够德智体全面发展。青少年近视群体全球第一，缺乏锻炼、肌肉不足导致青少年抑郁症和自身免疫性疾病剧增，对整个民族产生了深远的负面影响，直到最近才引起国家的高度重视。为中小学生减负推行的"双减"行动的最终效果还需要观察。改变现行"应试"文化，营造创新文化氛围，任重道远。

另外一个值得高度重视的现象就是用人文化中的"唯出身论"。在录用和使用人才方面过分强调是否毕业于 211/985 大学，海外人才薪酬远高于本土同级人才，无形中导致了严重的学历歧视。其实，我国有太多的拔尖人才或政要的学历出身并不显要，但成就斐然。学历和能力都是很重要的。产生这一现象的背后原因是什么？这的确是个值得全社会关注和讨论的问题。在人才评价方面，如果不能反映人才能力的真实水平，必将导致各种待遇的不公，挫伤人才的积极性。目前，科研机构普遍将薪酬与科研人员头上的"帽子"捆绑，拥有"帽子"的科研人员收入显著高于其他科研人员，导致部分科研人员为"帽子"侧重机会性的科研，而一旦有了"帽子"又待价而沽。其实，背后的原因就是人才的行政化。对于大学来说，"帽子"的引进更多的目的是强化机构考评和排名的权重，抢挖人才、甚至整个团队的恶性竞争已成为时下普遍关注的一个不良学术现象。

（二）"工匠精神"需要加强

"工匠精神"是一种严谨认真、精益求精、追求完美、勇于创新的精神。生命健康产业的多种高精度产品需要"工匠精神"和工匠方法。现阶段，我国学好"工匠精神"，扎扎实实做好产品工艺的能力有待加强。

本课题组在走访企业的过程中，访谈了国产导丝企业。导丝作为介入手术中不可或缺的通路类耗材，用量极大。我国每年各类导丝的需求量超过千万根，但这一市场长期被国外厂商垄断。例如，泰尔茂的造影导丝（俗称"泥鳅导丝"）入院价格始终保持在 200元左右，独霸国内乃至国际市场长达 20 年之久。究其原因，可以用"投入产出比"一词来概括。导丝虽然是介入手术的必需品，但在一系列植介入产品中，它的价格远不如其他直接参与治疗的产品（如支架、球囊导管）高。加之导丝加工工艺本身并不比支架和球囊简单，因而国内各大医疗器械厂家都缺乏将其落地的动力。

从不同规格导丝分析的角度来说，外径规格 0.025~0.038 英寸的导丝大部分原材料和设备实现了国产化。从手感上来说，此规格的造影导丝国内还无法做到与泰尔茂、库克相媲美。最后，企业了解到导致该差异的主要原因在于，国外厂家在每一根导丝最终成品前，还需要技工再用手工增加几遍涂层。由此可以看出，"工匠精神"在制造高品质产品中是不可缺少的。类似的例子比比皆是。

2021 年，中国科协生命科学学会联合体提交的一份关于我国高端生物制剂研发转化现状的报告中明确指出，导致我国设备、器械和耗材研发和产业化远落后于国外的根本原因不在于技术，而在于我们的人才评价体系导致没有人愿意去做这些关键的技术工作，工匠人才培养缺乏土壤。其实，缺乏"工匠精神"的根源还是现行的行政化的人才激励和考评政策，难以驱动青年人去干"慢工出细活"的工作。

四、创新与产业转化需要制度法规的调节

良好的科研环境和良性的产业发展离不开制度和法规的保障。然而长期以来，我国生命科学与健康产业的顶层设计还缺乏系统性的战略部署，产业结构和产品布局缺乏引导性，一哄而上，起步就内卷的现象特别普遍。政府的政策杠杆效应发挥得还不充分。

（一）顶层设计与资源整合共享能力不足

我国在科技规划的制定上，通行的做法是在中长期发展纲要（15年）的指引下，制订五年计划。在这

之下，各部委一级又会制订相应的发展计划。各部委计划的隔阂和重复现象依旧凸显，尤其是科技规划。由于各部委在制订相应计划时，更关注将来验收时指标能否落地，从而不自觉地倾向于支持"可交账"项目，在强调加强基础研究的同时，更鼓励基础研究和应用研究。

本课题组对近年实施的科技部重大研发专项，干细胞专项立项项目进行梳理，发现相当一部分的项目更应该由市场来决定，政府的资助应该放在更为核心的基础理论和关键技术上。导致这一结果的重要原因，就是为了最大限度规避专家的"学术不端"和免责，采取了指南专家、评审专家和监管专家分离的全过程科技管理模式。指南的效应难以真正发挥作用。评上什么就支持做什么，难以实现整体领域的跨越发展。

科技部在"十三五"提出的重大研发专项要全产业链布置的立意是正确的，但在贯彻执行中却"走偏"了。全产业链的含义应该包括一个专项领域中的所有要素，除了研究、中试、应用等，还包括相应的关键技术平台、设备、耗材等；在生物医药领域，还应包含法规科学和伦理。而实际上，全产业链在落地时完全变成了"流程链"。例如，《干细胞及转化研究重点专项项目申报指南》安排有基础研究部分、临床前研究部分、临床研究部分等，基本是按照新药报批流程设计的。问题是，处于这个流程链上的每一个/串（项目）相互间并没有关联。相反，国家对于"流程链"模式又缺乏持续支持的机制。课题组结题后，承担的下一个项目很可能与前一个内容完全不一致，造成资源的极大浪费。产业化阶段依旧缺乏整体的宏观政策指导。

其实，相较于20年前的中国医药行业，现在的研发投入已经可以用巨大来形容。但产品结构依旧是"高端不足、中低端过剩"。包括一些由品牌投资机构投资的、拔尖科学家团队领衔的创新性研发机构开发上市的药物，不管性能有多大提高，还是脱离不了仿制的套路，而且都是在赛道拥堵的肿瘤药"管道"中。常见重大疾病的特效药和用于预防、治疗、诊断罕见病的药品（罕用药）少之又少。资本介入的医药企业规模越大，股市的"绑架"效应就越明显。

在产品结构的宏观调整上，政策的"杠杆效应"也是缺失的。审批机构不能与使用机构联动，根据市场需求及时出台引导规则。例如，新药报批的"限量审批"，即根据市场需求，限定申报人数量，数满后即不再接受新的申请，除非其比之前申报的品种药效显著、副作用少和成本低、效益高。由此，在阻挡一哄而上、靶点赛道堵塞、减少社会资源浪费的同时，鼓励开发与全民健康促进密切相关的高质量药品和保健品（如预防肌肉减少的药物等），对于我国丰富药品市场、提高医药行业的国际竞争力具有重要意义。

（二）研发投入强度与投入结构不尽合理

科技的发展离不开研发投入的支持。主要发达国家均意识到科研活动事关国家经济，是产业发展的基石，而且与投资、就业等密切相关。我国生物技术及产业研发经费虽有一定增长，但无论是资金投入的强度，还是投入的结构，与美国等生物技术及产业发达的国家都有很大差距。

目前，美国是全球研发投入支出最多的国家。这也

使美国的科技发展保持了全球领先的地位。根据经济
合作与发展组织（Organization for Economic Cooperation
and Development，OECD）公布的数据，2019 年，OECD
成员国研发投入总额为 14541.06 亿美元，其中，美国
的研发投入总额达 6127.14 亿美元，占 OECD 成员国研
发投入总额的比重为 42.14%。从研发投入强度来说，
2019 年，以色列研发投入占 GDP 的比重达 4.93%；韩
国研发投入占 GDP 的比重紧随其后，为 4.64%，瑞典、
日本、德国、奥地利和美国的研发投入占 GDP 的比重
均超过 3%。虽然我国近 10 年科技研发总投入持续上
涨，但我国研发强度还处于相对较低的水平，研发投
入占 GDP 比重不到 3%。

从生物技术领域的研发投入来看，我国同样也在
逐渐加大对生物行业和产业的投入，逐渐赶超发达国
家。据 *JCI Insight* 发表的数据，2000 年，中国在生物
医学研究方面投入的经费仅是美国的 12%；2015 年，
中国已经远远超越除美国以外的其他国家，生物医学
科研经费已经达到美国的 75%。但据初步统计，我国
中央财政支持生命科学与生物技术的科研经费投入每

年只有 100 多亿元，占中央财政支出的比例远远低于美国，不到其 1/10。在新药开发的过程中，发达国家的大型跨国公司研发投入一般占销售额的 10% 以上，年投入研发费用可以达到数十亿美元；我国大型医药企业的年研发费用一般介于数亿至 10 多亿元之间，占销售额比例很少超过 10%。与发达国家的跨国公司相比，我国医药企业的研发经费无论是绝对数字还是投入经费占销售额的比例都明显偏低。

创新型国家的一个公认重要特征是基础研究占研发总投入的比例较高。国际主要创新型国家的这一指标大多为 15% ~ 30%。2019 年，我国在基础研究投入经费为 1335.6 亿元，比 2018 年增长 22.5%，增速大幅提高 10.7%，占 R&D 经费的比重为 6.03%[①]。虽然这一数据达到近 10 年的最高水平，但与国际主要创新型国家相比，还有很大的差距，研发投入结构仍不尽合理。

要保持我国生命科学与健康产业持续创新发展，

---

① 国家统计局，科技部，财政部. 2019 年全国科技经费投入统计公报［EB/OL］.（2020-08-27）［2021-08-28］. http://www.stats.gov.cn/tjsj/zxfb/202008/t20200827_1786198.html.

就必须落实党中央科技发展"面向人民生命健康，人民至上"的要求，把生命科学研究及产业转化放在优先发展的位置上。目前的预算规划体系还亟待加强，以防国家资助计划出现"大小年"。

（三）重复投入以致资源浪费，"伪创新"现象屡禁不止

与新药研发投入不足相反，国内重复"创新"屡禁不止，出现了"靶点赛道堵塞"和"神药困境"等怪相。自 2014 年上市以来，抗肿瘤神药 PD-1/PD-L1 成为全球一窝而上、竞相竞争开发的重点。据药智全球临床试验数据库不完全统计，全球有 3250 项关于 PD-1/PD-L1 抑制剂临床试验登记，其中有 817 条登记号显示为 Ⅲ 期临床阶段；而国内关于 PD-1/PD-L1 临床试验登记数量累计也有 657 条，涉及企业 150 余家。其中已有 183 条处于 Ⅲ 期临床阶段，产品差异化不明显，靶点大多相同，重复过度研究。同样的情形也表现在另一个细胞制剂 CAR-T 上。截至 2021 年 9 月，全球处于临床阶段的 CAR-T 治疗药物共 394 件。其

中，在中国地区开展临床试验的药物高达 199 件 [①]。产品差异化不明显，靶点大多相同。新药研发"赛道拥堵"的现象也引起了国际的高度关注。FDA 肿瘤学卓越中心（Oncology Centre of Excellence，OCE）主任理查德·帕兹德（Richard Pazdur）分别在媒体和新英格兰医学杂志上，公开表达过对这种耗费公共资源，带来更多临床疗效不确定性现象的担忧 [②]。

其实，在开发抗体药的机构和科学家中，理解抗体 – 抗原表位相互作用的并非多数。同一个靶点但表位不同的抗体在体内的生物行为会有很大差异。这是生物类似药物与小分子化学药物最大的区别。此外，由于结构差异使疗效更好（me-better、better）的"仿创新药"改变不了临床的疾病谱，其微弱的优势也会被"集中采购，大幅度压低企业报价"这样的政策吞噬已尽。整体来讲，我国生物类似药依旧仿制药扎堆，好药卖出"白菜价"。

---

① 数据来源于科特利斯（Cortellis）数据库。

② Beaver J A, Pazdur R. The wild west of checkpoint inhibitor development ［J］. New England Journal of Medicine，2021.

在调研中，我们依然可以看到，为数不多但坚持走差异化创新发展的企业。这些机构的负责人往往转自于科研和临床前线，对于解决临床实际问题的情怀比较重，研发管线也比较另类，一旦有所突破，前景看好。例如，上海宝济药业有限公司的首席科学家刘彦君曾跟随吴孟超院士学医，有很强的临床实践经验以及新药研发的经历。在担任国内知名医药企业高管多年后，他创立了一个小型研发公司，提出了"以临床需求为导向"的研发策略，开发了适用于老年或终末患者的用于皮下输液的透明质酸酶，为国内临床用药开辟了一条新的路径。最近，他又成功研发出全新的、性能远优于瑞典上市新药人血白蛋白（IgG）降解酶 IdeS，用于体内超排抗体过多不能接受异体器官移植或基因治疗的患者。同时，它对多种自身免疫性疾病具有潜在的治疗价值。其实，根据美国自身免疫相关疾病协会（American Association of Autoimmune Related Diseases，AARDA）估计，目前已有超过100多种明确病种的自身免疫性疾病。在美国，有5000万美国人受到至少一种自身免疫性疾病的困扰。相比之下，美国只有 1200 万的癌症患者和 2500 万的心血管疾病患者。而国内，研发目标大多却集中在癌症和心脑血管疾病上。

如何营造以临床需求和健康促进为导向的、差异化发展的行业氛围？还需要产业界，尤其是资本界的认真反省与思考。

（四）科技成果转化资金链和持续发展模式欠完善

由于生命科学及健康产业的技术产品开发周期长，技术和政策的风险都高，轻资产难以用于抵押。所以长期以来，它们不受资本的青睐，主要依靠政府的支持，研发效率低下。生命科学及健康产业迫切需要具有专业能力和长期视野的社会资本进行长期投资和早期投资，从源头把握科技成果的产业需求和经济价值，构建全阶段的投资策略，帮助科技成果转化完成"最后一千米"的惊险一跃。

所幸的是，目前我国已涌现出一批有实力和长远规划能力的投融资机构。例如，高瓴资本管理有限公司（以下简称"高瓴资本集团"）已投资生物科技公司200多家。投资的专精特新企业超过25家，通过资金、人才、技术、管理和品牌等多维度为初创企业赋能，帮助初创企业"从0到1"，突破发展瓶颈、成功穿越"死亡谷"。以百济神州为例，高瓴资本集团从其2014年A轮开始投资，一直到2020年完成了全球最大一笔（10亿美金）生物医药领域的投资，已经连续投资了8轮，使其成为中国最大的生命科学企业。2021年11月，百济神州科创板IPO获中国证券监督管理委员会（简称证监会）同意，成为全球首家在纳斯达克、中国香港交易所与上海证券交易所3地上市的生物科技企业。

但相较于美国，中国的银行利率和国债利率更高。因此，股权投资的资金成本也被抬高。中国投资机构多数是在近3年才开始关注生物医药领域的投资。医疗领域的投资人需要具有极强的医学背景和多年的投资经验。能否凭借专业能力降低生物医药领域早期投资的不确定性，对于中国的投资机构是一个很大的挑战。

第四章
发展对策与建议

　　综上所述，我国生命科学及健康产业已经进入了发展的关键期。面对日趋复杂的国际形势，以及日益提升的全民健康及其相关产业发展的重大需求，课题组从新一轮国际科技和产业竞争的高度和长远发展的角度研判了我国生命科学领域产学研一体化发展新战略；重点梳理了我国生命科学研究及产业转化中面临的问题与挑战，找到了制约其发展的关键问题、关键点及其成因。本章将基于上述分析，提出相应的战略发展策略和政策建议，以供决策者参考。

一、重塑教育体系，建立积极的社会价值导向和多元化的人才培养体系

（一）加强儿童青少年价值导向教育，重塑教育价值体系

1. 文化建设必须要从娃娃抓起

一个民族的存亡在于教育，特别是中小学教育。除了培养他们的创新能力，也要培养他们的价值导向。积极推动基础教育与高等教育的有效衔接，实现"创新和工匠精神"在大中小学教育中的一体化发展。

要建立基础教育与高等教育协同联动的机制，鼓励大中小学校在资源整合、互通互助的基础上，尝试构建一体化的创新与工匠精神贯通培育模式，实现不同阶段创新与"工匠精神"培育的无缝衔接，建立"大国工匠"成长"直通车"。尤其是针对小学生的"工匠精神"、学术诚信等积极社会价值的培育，应当更注重学生的感性认识。学校应定期组织学生参观企

业、科技园区，邀请典型人物介绍讲解，帮助学生在观摩的过程中了解相关科研成果，通过具体的人物、事件、成果，提高学生对"工匠精神"、学术诚信等社会价值的感性认识与认同，激发学生的热情。

2. 把学术诚信教育融入大中小学教育体系

要把学术诚信教育融入中小学的教材中，将一些学术造假人物和案例，如韩国学者黄禹锡、日本学者小保方晴子的干细胞学术造假案、骗取我国大量芯片研发经费的"汉芯一号"陈进等案例写进教材，用于警示教育，让青年一代视学术不端为禁忌的理念根植于他们的价值观，从思想源头上杜绝学术不端。

（二）重塑学术评价体系，坚决消除"四唯问题"

如前所述，目前出现的"思维问题"和学术不端屡禁不止的问题不仅源于个人品质，还源于僵化和落后的行政化激励性评估体系，必须重塑。其实，解决这一问题的路径非常简单，即让学术回归学术，消除评价的行政化特征。例如，在机构评价体系中，"帽子"的权重只能体现在人才培养上。在各类竞争性评审中，取消或弱化人才头衔的选项，以项目的创新性、可行性和任务指标为评判依据。例如，中国科协推出的"青年托举工程"，提出支持30岁以下、具有潜力的、尚未获得大额资助和学术头衔的青年科学家3年45万元的经费，经费主要由个人自行支配，没有具体的考核指标。近年来，在托举工程的支持下，我国培养了一批优秀的科学家，并形成了一个品牌人才项目。这有利于科学家专注于创新。

1. 对于机构，评价的焦点是其使命和任务

例如，大学的评价核心是人才培养的数量和质量。其实，从本科生到博士后的人才梯队评价自然会包含论文、专利和成果，但焦点是人才，而不是校长。毕业学生的就业率、平均薪酬、社会贡献量应该是大学排名的最主要依据。再例如，国家重点实验室等科研机构的评价焦点就是其被设立时所赋予的使命和任

务，不做机构之间带有强烈行政化特色的"激励特性"评优。

2. 对于人才的评价，同样也是根据其岗位需求建立多元化的分类评价体系，树立正确评价导向

首先是积极探索制定有利于创新研究、成果转化和支撑平台等工作的评价办法。例如，医科院校不能让临床医生过度偏重科研、轻临床，甚至导致出现"做1000台优秀的手术比不上写1篇论文"的尴尬局面。其次是强化专利运用、转化导向，不能单纯看专利申请和授权数量，要强调高质量、高转化，将前资助变为后奖励，加大专利成果转移转化后的奖励政策，促进专利质量提升。最后是提高横向科研课题的指标权重。

3. 对于国家科学技术进步奖，要建立后评估体系

对于申报后由非客观原因导致的社会经济效益

差距太远的国家科学技术进步奖成果，要设立"下架"模式；还要杜绝申报过程的弄虚作假或夸大其词现象。

4. 对于所有成果（包括论文、奖励），都必须设立终身备查机制

有学术不端行为投诉的，一经查实，取消全部关联学术荣誉，真正构建起围困学术不端的触电网。

近期，中国科协在组织的"企业榜单"遴选中就取消了个人推荐，并强调，与科技奖项不同，企业入围不是终点而是起点，要为行业做出榜样，同时必须承诺申报材料终身备查。该举措在社会上引起强烈的正面响应，也大幅度提高了入围项目的质量和示范效应。

相信，只要下决心，敢于动自己的奶酪，破除"唯论文、唯职称、唯学历、唯奖项"的四唯现象，树立学术清风指日可待。

二、重塑管理体制，确实破除"政策自限"的藩篱

（一）建立全国性的政策协调机构，宏观管理各项规划

世界各国都在探索建立促进生命科学与健康产业发展的管理模式。美国、日本和印度都建立了国家级的生物技术发展管理协调部门。由于生命科学、生物技术及健康产业领域发展较快，涉及的领域及管理的部门众多，我国政府虽然发布了一系列促进生命科学及生物技术发展的规划或指导意见，但改善生命科学及生物技术发展环境的措施执行效果依旧不尽如人意，对生物技术发展的整体推动力略显不足。因此，加强宏观协调，建立全国性的政策协调机构处理相关问题，从全局协调各有关部门的生命科学及生物技术促进政策和支持计划，加强政策的系统性和针对性，对已制定的政策措施强化落实和监督，全面系统地推动生命科学及生物技术的创新发展，对于促进我国的生命科

学与健康产业健康有序发展具有重要意义。

（二）创办"科技创新特区"试点，消除 "政策打架"藩篱

针对前文所述的生命健康产业存在的"政策打架""政策错认""新旧不一""身份错认"等现象，本研究建议在重点产业园区尝试设立"科技创新特区"，赋予其更为宽松的、自主的政策环境，探索破除政策"打架"问题的新范式；同时，借助这些"科技创新特区"把科技创新与整个产业的转型升级和创新发展有机结合，通过错位竞争，瞄准高精尖产业的缺漏；针对技术短板等方面开展国际和国内资源的有机整合、协同创新、跨界融合创新，把创新的工作做得更实，以适应新时代发展的要求，构建新发展格局。

三、重视创新研究，打造可持续发展的国家创新平台

（一）鼓励原始创新，营造自由探索的学术氛围

1. 加大对原始创新的关注，形成尊重原创成果的氛围

紧扣国家战略需求，充分重视研发源头技术、核心技术、支持产业升级的技术，研判生物技术革命和生物产业变革的突破口，找出制约国家生物经济发展的科技瓶颈问题，明确科技创新的主攻方向；并优化促进原创研究赖以生长的生存环境，在全社会形成尊重知识、尊重人才、保护创新、保护原创的浓厚氛围，充分发挥科研人员的创造力。以南京江北新区为例，江北新区积极搭建一大批高水平的科技创新平台，如推动剑桥大学—南京科技创新中心、南京大学—伦敦国王学院联合医学研究院等项目的建设，促成"江北

新区离岸孵化器"在伦敦成功挂牌；此外，政府牵头组织行业专家和龙头企业高层领导人帮助园区进行项目评估和遴选，极大激活了创新源头的活水。

2. 重新定义基础研究内涵，加强基础研究学科建设

坚持问题导向，深入了解并重新定义基础研究的内涵及外延，从根本上发现和解决科学问题。我国在生物学领域的理论研究落后于欧美国家，需加强理论研究的投入，鼓励大学、科研院所等加强对生物理论的研究；加大从中学到大学的生物学基础学科的教育，增加师资力量，增设更多、更细致的生物学分支学科，鼓励并激发学生的创新能力，让更多学生有兴趣投入理论研究，逐步夯实理论研究的基础。

3. 创新人才机制与人才发展环境，优化激励政策

拓展科学家自由探索、施展才华的空间，实现更多的原创突破，占据科学制高点。不设置人才"帽子"

指标，创新人才计划，避免以学术头衔评价学术水平的片面做法，实事求是、客观公正地开展评估工作，培养有国际影响力的领军人才。对于优秀科研人员和管理人员的专业知识给予更多的肯定和尊重。同时，探索和完善创业股、技术股、管理股等充分体现竞争与效率的分配形式来调动各类人才的积极性。增加人才类项目的种类数量，加大投入，让他们不受限于设定的课题指标，能够自由探索，从而推动创新人才体系建设。

（二）建立可持续发展的国家级生物技术创新载体

1. 围绕促进生命健康科技发展，以打造国家"战略科技力量"为目标，构建国家级生物技术创新载体

推动国家信息技术平台、实验动物技术平台、科研设备研发平台、生物技术公共实验室、中试孵化等基地、投融资平台、首席营销官（Chief Marketing

Officer，CMO）、CRO 等专业化平台建设；形成生物技术领域优势力量集成、资源开放共享、创新资源有机整合的创新环境，建设一批促进生物制造业协同创新的公共服务平台，开展检验检测、技术评价、技术交易、质量认证、人才培训等专业化服务，凝聚和培养产业技术创新人才体系，促进科技成果转化和推广应用。

2. 构建国家级关键技术装备创新基地，开展前瞻性科学研究

对接国家综合性科学中心和科创中心等国家战略的组织实施，整合国内优势研发和产业资源，因地制宜地推动生物园区和基地建设，实现平台资源高水平、深层次和大范围的整合与共享，组建跨领域、高水平、设施先进的国家工程技术研究中心或工程实验室；发挥行业骨干企业的主导作用和高等院校、科研院所的基础研究和技术研发优势，建设一批产业关键技术装备制造业创新中心，开展关键共性重大技术研究、工程化和产业化应用示范。

四、突破"卡脖子"技术，建立国家多学科融合的研究转化基地

（一）建立"一个屋檐下，多学科汇聚"的交叉学科产业转化模式

针对当前生命科学正在经历以学科汇聚为标志的第三次革命，建立针对未来生命科学与其他科学交叉的新型转化模式，即建立"一个屋檐下，多学科汇聚"的交叉学科产业转化模式。

依据"摆脱依赖、走向世界、引领领域"的发展思路，在国家或地方，建立集研究机构和企业、投资机构为一体的、多学科机构和人才汇聚在一个屋檐下的学术产业转化基地。在关键技术和仪器、耗材的研发生产上，实现集中突破，消除"卡脖子"和"断供"风险。在此基础上，逐步实现产业的快速升级，强化产业的国际竞争力。温州"眼谷"的快速发展，为这一模式提供了一个不可多得的理工医结合的范例。

温州"眼谷"是温州医科大学与温州市龙湾区

（高新区）共建的校地合作示范项目。它围绕智慧眼科软硬件、高精度光学成像、眼科人工智能诊断、眼科生物治疗、功能性矫治镜片、近视防控适宜技术等"卡脖子"前沿技术引入一批高能级产业项目，着力构建由政府、医疗机构、投资机构、眼健康企业等共同参与的国际一流眼健康全产业链综合体，打造成专注眼健康产业集聚发展的集科研、临床、教育、孵化、产业化等功能为一体的医疗科技转化产业园区，形成具有一定规模的眼视光产业集群，成为眼健康领域的"硅谷"。

"眼谷"整合温州医科大学眼科资源，导入国家眼视光学和视觉科学重点实验室、国家眼视光工程技术研究中心、国家眼部疾病临床医学研究中心三大国家级科技平台，并与世界 500 强、上市公司合作建成 17 个联合研究院，引入了院士团队、国家杰出青年、海外高层次人才创业项目 50 余个，累计注册落地项目 109 个，与爱尔康、强生、博士伦等眼科龙头企业的 12 个重大产业合作项目也已启动，逐步搭起眼健康科创高地的"四梁八柱"，在眼健康领域实现了多个从

"0"到"1"的突破。

截至 2021 年 9 月底，中国"眼谷"注册落地企业达到 100 多家，涵盖眼科材料、药物、器械、服务等领域，其中包括日本最大角膜镜生产商目立康、拥有国内最全面眼药体系布局的兴齐眼药、国内首个眼健康基因诊断企业——温州谱希基因科技有限公司等。这些企业的入驻实现了眼健康产业链全覆盖，创新成果可以在这里更快地实现产业化。此外，"眼谷"还与复星集团、国药资本、长三角基金、九瑞基金等 36 家投资金融机构签订战略合作协议，与中国工商银行、中国民生银行、招商银行、中信银行、兴业银行等银行签约共建百亿授信池，积极推动产业发展。

（二）积极探索"政、产、学、研、金"融合的"五环模式"，提高转化效率

学会是重要的学术团体，汇聚了丰富的学术资源。除了推动学术交流、人才培养，也具有推动学术产业转化的责任。然而，由于我国现实的状况，大多数学术团体，包括这几年成立的中国科协生命科学学会联

合体，不具备自身"造血"系统，财力十分有限，自我发展受到诸多政策限制，在实际组织学术交流、推动学术转化的工作中大多心有余而力不足。科技项目与企业、资本对接和转化的效率不高，导致大量的学术资源被搁置，急需探索新的模式。面对这一困境，中国科协生命科学学会联合体做了大胆探索，建立了一个"政、产、学、研、金"五位一体的"五环模式"，并在相关区域开展了试点。

"五环模式"即拥有学术资源的学术团体为一环，提供项目和技术资源；拥有政策、法规资源的团体［如临床试验规范标准（Good Clinical Practice，GCP）联盟等］为一环，提供行业法规指引；园区管理专业机构（即基地运营）为一环，负责前孵化器运营；金融机构（即投资机构）为一环，提供资金支持，加速建立"深度价值创造"的赋能模式；最后，政府主导的科技园区为一环，提供落地的前孵化器场地、政策和相应的运营或招商资金。五个环以前孵化器模式落地，为学术产业转化提供实际场所；发起成立共享基金，为入场的学术机构和项目提供资金支持。这一模式的落地可以密集性地为所在园区汇聚具有区域特征和竞争力的创研项目，并为整个园区的项目提供学术、技术和法规咨询服务，大幅度提高学术团体、学术资源和资本的转化效率。通过"五环"融合和前孵化器的运营，即刻产生的经济收益可以反哺学术团体，用于招募更为优秀的人才团队，有利于学术团体的可持续发展。

（三）建立国家第三方认证机构，提高国产设备、耗材的国内外采信度

科学仪器设备相当于"隐性"的军工行业，是各国必争的领域。科学仪器的创新、制造及应用水平都反映出一个国家的科技和工业实力。然而，如何加快推进国产科学仪器产业的快速发展，一直是业界的心头之痛。对很多科研院所来讲，没有权威机构的技术认证是他们不敢或不愿意购买国产仪器设备耗材的重要因素。多数单位因为不了解国产仪器设备的适用范围和怕担风险、怕技术不成熟，宁愿高价购买进口仪器。

解决这一困境的一个路径就是设立国家第三方认证机构。这一机构负责对国产设备、耗材进行严格的测评，并作为一个"技术担保机构"，将达标的产品推荐进入国家采购目录，从而提高国产设备和耗材的采信度；对于不达标的产品，研发机构能够有的放矢地继续加以改进，有利于整体提供行业的标准。同时，该机构也负责提供产品研发的指引清单和标准，为生产、使用和监管提供技术咨询和支撑。

五、加强合作共享，防止"卡脖子"泛化

在认真对待"卡脖子"问题的同时，我国也要高度重视"卡脖子"泛化问题，严格定义"卡脖子"技术。"卡脖子"技术应该被定义为在某一领域高度依赖进口，并且一旦被限制或封锁将导致整个领域或产业的发展滞后、甚至停顿的关键技术或产品。例如，大家熟悉的、制造高端芯片的光刻机，一旦断供，不仅会严重影响华为、中兴几个大企业的发展，而且会影响到整个行业相关企业的发展。最终，对一个或几个

企业的"卡脖子"问题，就会上升到对整个国家经济发展的"卡脖子"问题。针对这类"卡脖子"技术，需要发挥制度优势，联合攻关，同时要防止类似此前出现的"芯片研发泡沫"现象再发生。

生命科学领域的"卡脖子"技术，范围广泛，难以像工业技术那样容易抓住核心，产生纲举目张的效果，需要更为缜密的论证。

（一）动态制定关键领域"卡脖子"的技术清单，研判管控技术风险

针对当前复杂的国际关系，我们认为要对"卡脖子"技术进行彻底的、有层次的梳理，可分四步。

1. 对可能被"卡"的技术进行精准识别

当前，我国面临的很多"卡脖子"技术问题，根源是基础理论研究还跟不上，源头和底层的核心原理没有搞清楚。因此，要在关键领域"卡脖子"的地方下大功夫，把"卡脖子"技术一个一个地找出来，一个一个地攻克。2019 年，中国科学院学部组织全国

300多位各方面的专家对我国的基础和前沿技术进行了梳理，找出了需要攻克的底层关键技术，提出了在生物技术、脑机接口、量子信息和传感技术等14个具体领域方向布局的建议。因此，我们建议仿效上述做法，积极发挥战略科学家的战略规划和分析判断能力，进一步从生命科学基础研究中，精准识别、筛选可能具有应用前景的关键核心技术，前瞻性地提出将来可能攸关国家经济、政治和国防安全的技术领域，对这些重中之重的技术设立优先级。

2. 对被"卡"的技术进行全面梳理，建档立卡

有媒体曾连载系列文章，讨论了30多项"卡脖子"问题。多位院士组织撰写了《我国集成电路产业发展现状与对策研究》报告，对集成电路产业中的"卡脖子"技术进行了梳理，凝练出了我国集成电路产业发展中存在的共性问题。还有多个不同领域的专家学者都对本领域的"卡脖子"技术进行过梳理。因此，建议效仿脱贫攻坚的做法，由中央统筹汇总形成生命健

康领域的"卡脖子"技术清单，以便合力攻关。

3. 发挥社会主义制度优势，依靠新型举国体制，强化国家战略科技力量，合力攻克"卡脖子"问题

高校、科研机构和企业是技术创新的主体，也是解决"卡脖子"问题的关键，应注重政府引导与市场主导相结合，针对关键核心技术攻关建立多方合作的重大项目组织模式，形成长效机制，协同创新、合力攻关。

4. 避免将科技自立自强过度"泛化"

要完整地看"把自立自强作为国家发展的战略支撑"。自立自强追求的是解决技术"卡脖子"的问题。我国在有限的战略领域追求自立自强，在更多的领域追求的是国际合作。开放是我们国家现阶段发展中重要的战略，切忌泛化新型举国体制，也不能泛化自强自立。比如，基础科学研究因其不确定性，就不适用于举国体制。

（二）参与和领衔国际生命科学"大科学"研究计划，重塑国际合作新格局

21 世纪初，"人类基因组计划"成功实施，彻底改变了生命科学研究、产业转化、疾病诊疗和环境改造的格局，在生命科学领域产生了一场革命。所幸的是，作为 6 个成员国之一，我国科学家承担了其中 1% 的任务。也正是这 1% 的任务，奠定了我国生命科学过去 20 年高速发展的基础，也催生了华大基因、博奥生物等一系列的大型基因组科技公司，并在本次中外新冠肺炎疫情防控中发挥了重要作用。

大科学计划有两个特征：一是源头创新。大科学计划的实施不但能回答计划设立时需要回答的科学问题，并能催生出大量的新理念和新技术，甚至颠覆现有的理论体系。所以，领衔和参加国际大科学计划有利于形成源头创新的氛围，产出原创成果。二是产权融合，你中有我，我中有你，形成技术共享新格局。国际大科学计划必须是国际顶尖科研团队的群体合作模式，发达国家占比很高，期间产出的新技术、新产品由于

是合作的结晶，大多是共享模式，尤其是中国科学家领衔的国际大科学计划，从而难以出现"谁卡谁"的局面，从根源上打破技术封锁和"卡脖子"的困境。

人工合成酵母基因组计划由美国的杰夫·博伊科（Jef Boeke）教授倡导，他的研究组完成了第一条人工酵母染色体的合成。但是随后接替并超越美国同行的却是中国的科学家和生物技术公司。2018年，《科学》（Science）杂志发表了5条全长人工合成酵母染色体的结果。其中，四条半都是由中方完成的。"人工合成人类基因组计划"由美国科学家提议开始，但是后来因为伦理和经费问题而遭搁置。中国现在已经在这个计划中取得了领先地位。上海的覃重军和天津的元英进课题组在该计划的实施过程中表现突出。

在生命科学领域，目前完全由中国科学家发起和领衔的大科学计划是由金力院士主导的"人类表型组学计划"，英国、美国是主要发起国。计划实施不足两年，已取得了耀眼的成果，并且具有巨大的健康促进和临床诊疗的价值，是上述论点最真实的诠释。

（三）支持国际品牌产业机构在国内合资生产，防止恶意断供

在现有的全球分工格局下，如果贸易物流保持畅通，并且不存在人为导致的产业链、供应链安全问题，全球化是最能实现优势互补的产业分工格局。但有关国家以国家安全为由对我国高新技术产业实施"断供""脱钩"等遏制手段，鼓动海外产业特别是制造业回归本国，破坏全球产业链、供应链稳定。

1. 加强支持国家品牌产业机构在国内合资生产，深化全球供应链合作

我国生命科技产业发展壮大受益于开放创新和全球合作，应继续坚持并不断深化对外开放。针对当前中美贸易摩擦不断的困境，应冷静分析、客观应对，引导中美生命科学及健康产业合作向积极方向发展，促使美方放宽对我软硬件核心技术的出口管制限制，为我国生命科学及健康产业发展壮大争取时间。还要提升外商直接投资水平，在有序放宽市场准入的同时，更加注重外资的质量。与过去通常以"三来一补"等

方式引进的外商投资不同，现在引进外资，要注重以创新为导向进行选择，鼓励外资在中国本土创新研发新技术。

2."走出去"与"引进来"相结合，主动构筑全球价值链

在积极寻求全球产业链的关键核心技术环节转向国内的同时，加强我国产业链、价值链的国际布局，推动全方位对外开放，形成面向全球的生命健康领域贸易、投融资、生产、服务的价值链，培育国际经济合作和竞争新优势。制定更加便利、简化的措施，鼓励有条件的企业通过并购等各种途径，引进或投资研发、设计、营销、品牌等价值链优质资源，增强其整合国内外市场、上下游产业的能力。以大力实施"一带一路"重大合作倡议、推进国际产能合作为契机，鼓励开展重大项目国际合作、工程承包和建营一体化工程，推动我国装备、技术、标准和服务"走出去"。以境外经贸合作区、双边经济走廊和海关特殊监管区域合作为平台，发展集群式对外投资，推动国内产业

链向海外延伸。

六、多方协同共治，建立具有"中国特色"的伦理治理体系

多方共同参与，形成"政府、机构、科研人员、社会公众协同共治"的伦理管理体系，提升我国在生命科学伦理治理中的国际话语权，让中国的伦理思想及话语成为国际伦理治理的重要组成部分[1][2]。

（一）政府要加强伦理监管与前瞻治理，守好中国"伦理之门"

1. 加强监管，伦理先行

我国生命科学领域相关伦理研究存在时滞性，研究力度远远跟不上科学研究快速发展的脚步。面对生命

---

① 王慧媛，李鹏飞，徐丽娟，等. 基因编辑技术伦理治理探讨［J］. 中国科学院院刊，2021，36（11）：1259–1269.
② 范月蕾，王慧媛，姚远，等. 趋势观察：生命科学领域伦理治理现状与趋势［J］. 中国科学院院刊，2021，36（11）：1381–1387.

科学领域层出不穷的新兴技术风险，应随时研判技术发展趋势，建立明确的科研伦理法律或规则。通过完备的、有强制力的指导性法规，对违反规定的人员与机构建立明确的问责制度，并在一定范围内赋予伦理管理单位行政主体的资格，对科研人员及科技成果使用者的行为加以约束。

2. 科学、动态地制定伦理标准，发挥国际引领效应

积极开展新技术为信息安全、生物安全可能带来的安全和伦理研究。在国家层面上，制定伦理准则引导和规范新技术应用；在国际层面上，积极参与国际标准、规则制定和全球治理。增强人民群众的"获得感、幸福感、安全感"，支撑"健康中国""数字中国""平安中国""美丽中国"战略，同时关注人类命运共同体的利益。

（二）机构要充分发挥伦理审查与监督主体作用

在我国建设"国家科技伦理委员会"的大背景下，

明确监督机构，完善管理制度。高校、科研机构、医疗机构是生命科学领域伦理治理的监督与管理者，有权监督科研行为，也有责任坚守伦理规范，均需：①设立专门部门以加强科技伦理日常管理（包括临床试验的状态、伦理审查和批准以及知情同意等内容）；②建立常态化工作机制，对机构科技活动的生命伦理风险主动研判、及时化解；③重视自审自查，对本机构的伦理委员会章程、工作制度、工作程序进行周期化梳理与完善。

（三）科研人员要加强伦理约束，逐步完善伦理自治

科研人员是生命科学领域伦理治理的关键行为者。他们的伦理治理贯穿了科研的整个流程，从实验设计、研究实施到结果分析，再到最后的成果发表与转化等。

1. 牢记使命，坚守"伦理红线"，有所作为有所不为

科研人员需要牢记科学家具有将真理"授之于众"

的责任，要自觉了解并遵守相关规章制度、指导方针和安全措施，确保科研成果真正意义上可以造福人类。

2. 强化伦理教育培训，自觉自律

科研人员要树立良好的科研伦理意识，充分了解自己所从事的研究被滥用、误用的可能性，识别伦理问题，掌握伦理分析决策方法，定期评估科研项目的安全风险，并及时调整和降低风险；同时，发挥科学共同体的自治作用和科学传播作用，承担起教育和培训他人的责任，形成"良性循环"。

（四）社会公众要共同参与，促进伦理生态治理建设

1. 强调"公众参与"，加强伦理知识科普

社会公众是生命科学领域伦理治理的见证者与参与者。因此，建设公众层面共同参与治理的伦理生态体系至关重要。生命科学的伦理治理生态建设需要更加重视"公众参与"，加强伦理科普，鼓励公众了解生命科学领域伦理相关，促使公众对生命科学领域新

技术、新成果的优势与可能的风险有全面客观的认识。

2. 注重"公众对话"，充分发挥媒体与互联网在伦理治理中的作用，搭建新兴技术与公众对话的平台

由科学家、伦理学家、社会学家、研究机构、政府主管部门共同参与，广泛听取公众的意见，并积极参与科研伦理治理活动，监督并抵制生命科学中的科研失范行为。

后 记

几易其稿，算是到了收官交稿的时刻，但依感意犹未尽，还有太多的见解和建议，都应该融合到这本书里。

当今世界正面临百年未有之大变局，科技创新范式正在经历全新的变化，人类已经进入生物经济时代，生命科学与 AI 融合所开辟的新技术、新模态将贯穿社会经济的各个层面，将成为支撑中华民族屹立于世界东方的坚强基石。

距实现中华民族伟大复兴的第二个百年目标已不足 30 年，当那个无比光耀的时刻到来时，真心希望我国的疾病谱已经改变，人民更健康，环境更美好，全民跨入百岁时代。要实现这一目标，任重道远！

最近，今日头条上传播着一条来自美国某智库的判断："不应高估中国的科技实力。"这是美国傲慢而又自信的表达，但对我们又不无启发。除了认定从各个层面封锁限制中国的前沿科技和头部产业发展就能卡住中国的脖子，"中国科技发展过程的过度行政干预，缺乏自由探索的氛围，难以产出原创成果；缺乏成熟的资本市场与学术圈互动的产业通道，科技转化效率低下"，也是他们认为中国在短期内难以花钱或下力气赶上发达国家的原因。

其实，对于"卡脖子"问题，我们最不用担忧。20世纪五六十年代，在国力最弱、民众生活最为艰难的国情下，我们能用不到10年的时间就掌握了"两弹一星"全部技术，并实现跨越。我们也完全有理由相信，凭借着数千年中华民族不间断的文化传承以及经过改革开放历练和提升的制度优势，任何"卡脖子"技术都束缚不了我们，而且越打压，越进步；越限制，越突破。

但对于文化建设的短板，我们却要加倍警觉和重视。正如本文始终强调的：要真正让中华民族走在世界科技创新的前列，就必须彻底消除我国现行体系中部门之间的隔阂，突破不适应现实发展的政策藩篱；就必须痛下决心改变现行行政化的学术评价体系，创新文化和"工匠精神"要从娃娃抓起；就必须从宏观层面统筹学术、资本和市场的融合，不放弃符合中国国情的计划经济与市场经济融合发展的路径；就必须强化国际合作，通过引领大科学计划，筑建国际学术共同体，和衷共享，重塑国际科技创新和产业新格局。

美国是一批极具开创精神的先辈，在一个人烟稀少但又极度富饶的北美大地上创建的。虽然它只有200多年的历史，但充满了活力。美国能成为世界超级强国，仰仗的是他们曾经开明的政策和多元文化的融合，靠的是他们聚集全球文化和科技精英的文化和机制。然而，这一切都在改变！为了打压中国等国家的科技发展，他们可以公然违背和抛弃市场契约精神；为了限制中国的科学发展，他们已摒弃自以为荣的、传承了百年的"大熔炉"文化，对中国和其他国家的人才进行限制、打压、甚至迫害。这些变化必将反噬美国的文化优势，并给中华民族的伟大复兴带来前所未有的机遇！

　　我们有充分的理由相信，只要我们敢于正视自己在基础研究与产业发展中的问题和困境，大胆改革创新，全面提高全民健康素质，营造一个更为包容、更为创新的社会文化氛围，中华民族屹立于世界东方的那一天就会更早到来！

于 2022 年新春到来之际